上谷夫婦 著
唐 一 寧 譯

這個形狀是有道理的！

燒杯君和他的夥伴

愉快的實驗器材圖鑑

Beaker-kun and his friends　Uetanihuhu

前言

我曾經是個喜歡繪畫、棒球，而且非常喜歡理科的少年。這樣的我不知不覺一頭栽進了學習裡，進入理科系大學，後來在製造業擔任研究員。

這樣的生活日復一日。某天，我來到一場手作比賽，看見許多人發表了自己的作品，這一幕使我想起那個喜歡繪畫的少年時代。我帶著「……自己也想做些什麼！」的念頭回家，並且拿起鉛筆開始想……

「能不能在自己喜歡的理科和化學裡頭，畫些有趣的事物呢？」當我想到從實驗器材這個角色著手時，書中主人翁也隨之呼之欲出了……

於是，第一個誕生的，就是同時也是本書書名的「燒杯君」。從此，種類不斷增加，最後終於收錄超過130種實驗器材角色。

雖然都是實驗器材，但其形狀、名稱、材質等都各具意義。

例如：「錐形燒杯」呈圓錐形是為了不讓液體往外飛濺；「蛇型冷凝管」裡面的螺旋管是為了提升冷凝效率；「球型刻度滴管」源自東京的駒込醫院等等，不勝枚舉。

此外，還收錄了不少我一頭熱（狂熱度）的內容，希望平時有在做實驗的理科人閱讀本書後，會有「沒錯，就是這樣！」以及「以前不知道這個！」的感覺。

對中小學生來說，本書雖然不是參考書，但我想他們可以快樂的記住實驗器材，讓理科的課程變得更有趣也說不定。

實驗器材的種類還有很多，請務必看看各種器材。估計「燒杯君和他的夥伴」以後還會愈來愈多。

拜專欄作家山村先生、美術設計佐藤先生，以及催生本書同時擁有理科背景的編輯杉浦先生之賜，《燒杯君和他的夥伴》是一本有完整世界觀、閱讀愉快的實驗器材小書。

請想像身在實驗室中，一面回憶理科教室的種種，一面閱讀本書。

上谷夫婦

實驗室
某大學
燒杯君
登場
哐
啷
哐
啷
哐
啷
嘰——
咻
哐
啷
器具
乾燥器
哐
啷
哐
啷
哐
啷
他是燒杯君！
哈～
重生了！
吸啊吸
水
他是燒杯君？
好熱～水…

還可以加熱液體。

順帶一提，「燒杯（beaker）」這個名稱是從鳥喙（beak）的英文而來。
雖然和鳥喙的形狀多少有點不同。

本書以燒杯君為首，介紹各式各樣的實驗器材。

朝他們的世界前進吧！

以燒杯君為首，許多可用於加熱的實驗器材都是利用硼矽酸鹽玻璃（耐熱玻璃）製成的，如美國康寧公司所開發的「派熱克斯玻璃」。硼矽酸鹽玻璃是一種硬質玻璃，比普通玻璃更不容易受損，而且熱膨脹係數小。儘管玻璃遇熱會膨脹，但因玻璃不易導熱，所以只有受熱部分膨脹，易導致該部分與邊緣間產生變形和破裂等情形。熱膨脹係數愈小，變形的情形也會愈少，這就是耐熱玻璃即使加熱也不容易破裂的原因。

燒杯君備忘錄

▼「鳥喙」是「燒杯」名稱的由來。

目錄

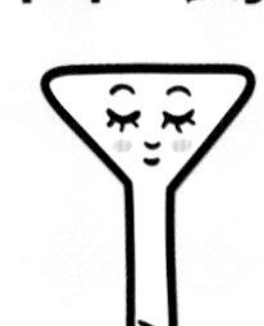

CHAPTER 5 進行加熱和冷卻的夥伴

CHAPTER 6 進行觀察的夥伴

CHAPTER 7 電力與磁力的夥伴

CHAPTER 8 實驗室的支援者們

○附錄

○COLUMN

本 書 的 閱 讀 方 式

本書以讀者熟悉的實驗器材為角色。

首先透過漫畫介紹這些實驗室居民的使用方法，然後再透過圖鑑介紹他們。

他們的個性、口條，多少和讀者常見的「燒杯君」、「錐形瓶君」有些不同。光是看到形形色色的他們，就令人開心。

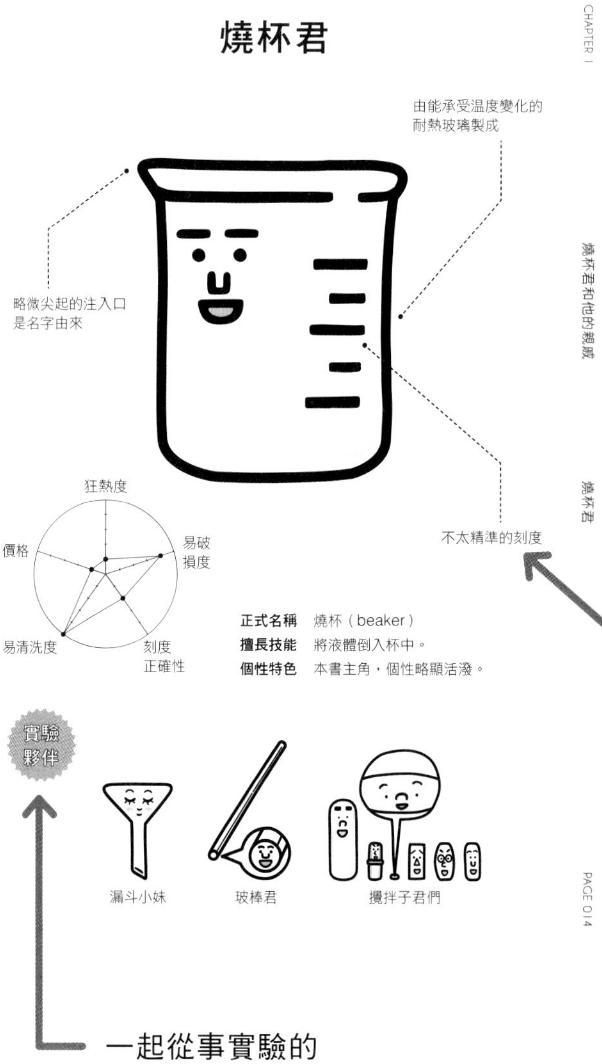

角色的特色註記

註明特長和重點等等。

一起從事實驗的夥伴們

特別羅列常見的實驗器材。

角色的名稱

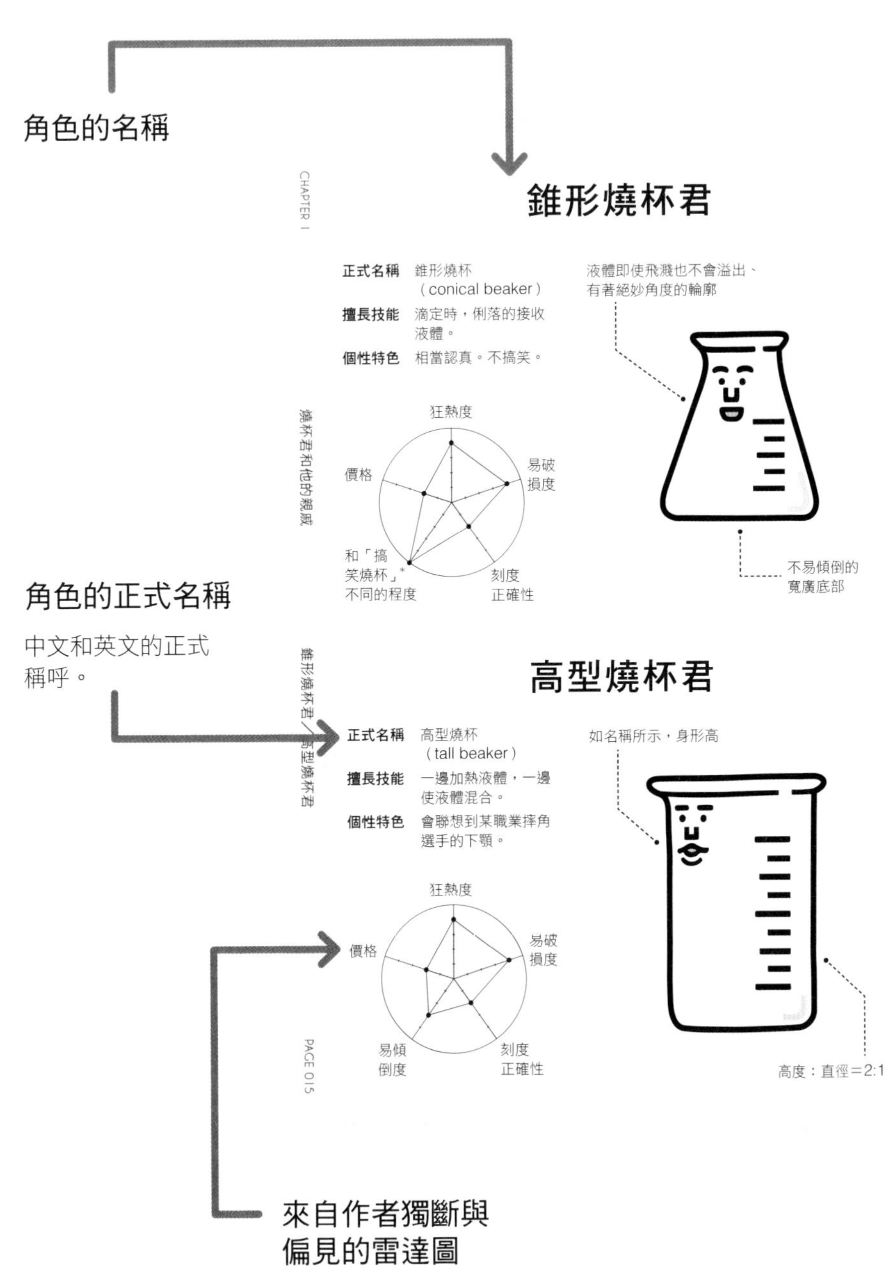

角色的正式名稱

中文和英文的正式稱呼。

來自作者獨斷與偏見的雷達圖

透過五項指標來評論各個角色。

COLUMN

01

因煉金術而發達的實驗器材

科學實驗的種類不少，大抵來看，或許可以想成「科學實驗就是人們嘗試研究世間發生的事物」。進行科學實驗的房間就是實驗室，實驗室裡面的物品也就是實驗器材。

有鑒於實驗室裡面會進行各種範疇的實驗，所以放置在那裡的器材也是形形色色。其中，用於化學實驗的玻璃器材，不論種類和數量都很多，這是因為化學實驗有各種目的的緣故。

例如：觀察兩個物質發生反應的變化（化學變化）、從混合物中取出特定的物質（萃取）、調查混合物質的組成成分（分析），以及將物質組合後以製造新的物質（合成）等等，化學實驗就是由以上這些工作組合起來進行的。

事實上，這樣的化學實驗從何時開始的？目前尚無定論。一般認為，人類構築文明後，就利用土器或青銅器等自然物質的變化來製作工具，並以此「研究物質間的反應」之過程，就是化學實驗的濫觴。

其中，煉金術在西元前的古埃及興盛起來。人們在求取不老不死之藥，或者研究如何將普通的金屬改變成黃金的過程中發現許多物質。硫酸、硝酸、鹽酸等化學藥品就是這樣陸續研發出來，同時，實驗器材也跟著被開發、改良。如今，各種化學實驗器材已經齊全，事實上它們的誕生背景都和煉金術有關。

CHAPTER

燒杯君和他的親戚

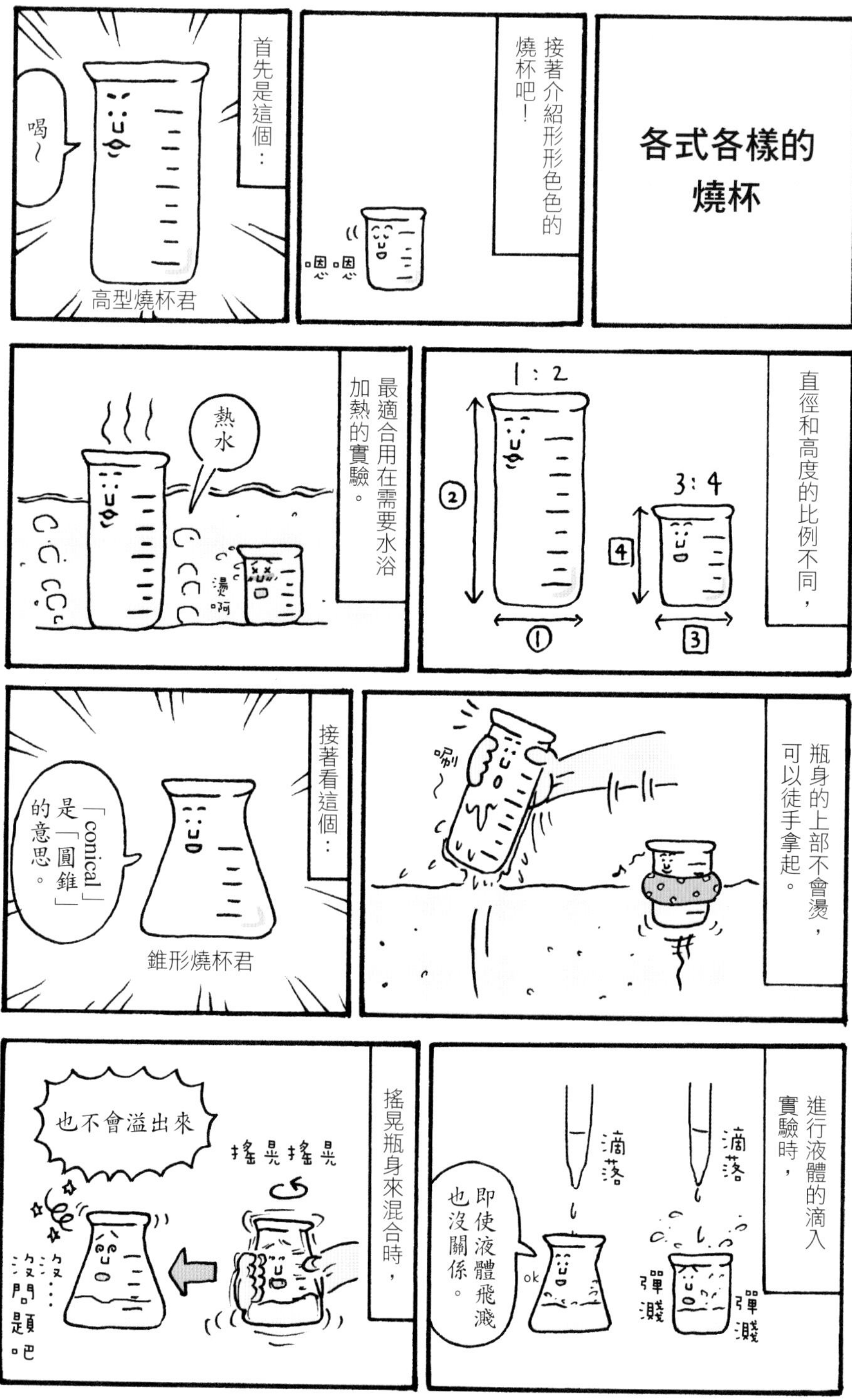
各式各樣的
燒杯
接著介紹形形色色的燒杯吧！
嗯嗯
首先是這個：
喝～
高型燒杯君
直徑和高度的比例不同，
1：2
2
1
3：4
4
3
最適合用在需要水浴加熱的實驗。
熱水
燙啊
瓶身的上部不會燙，可以徒手拿起。
唰～
接著看這個：
「conical」是「圓錐」的意思。
錐形燒杯君
進行液體的滴入實驗時，
滴落
滴落
彈濺
彈濺
即使液體飛濺也沒關係。
ok
搖晃瓶身來混合時，
搖晃搖晃
也不會溢出來
沒…沒問題吧

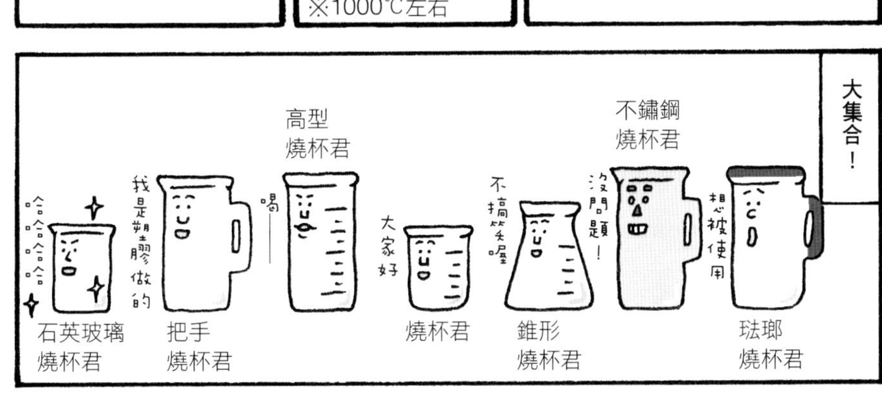

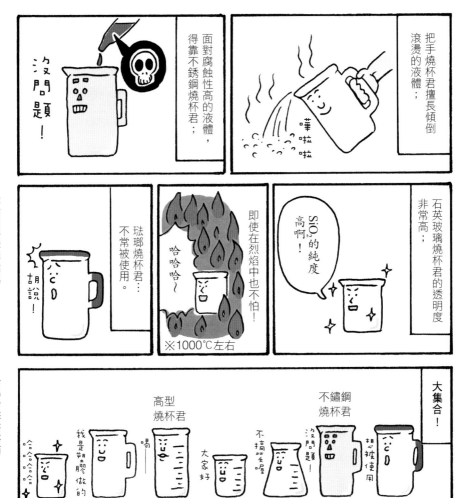

2公升或5公升的大型燒杯，因大小比例使玻璃變薄且比想像中脆弱。如果用對待100毫升燒杯的方式對待大型燒杯，就會知道它非常容易龜裂。尤其在倒入了液體的狀態下，置於桌上的瞬間，你會聽到令人背脊發涼的不祥聲響……。哪怕只是須臾片刻，有了龜裂，強度一下子就會降低，加上加熱造成的破裂，也會讓這類的大型燒杯變得不堪使用。即使丟到玻璃廢棄容器裡，大型燒杯還是大，再丟一個，整個廢棄容器就滿了。

燒杯君備忘錄

▼應根據液體的性質和實驗條件來選擇使用！

燒杯君

由能承受溫度變化的
耐熱玻璃製成

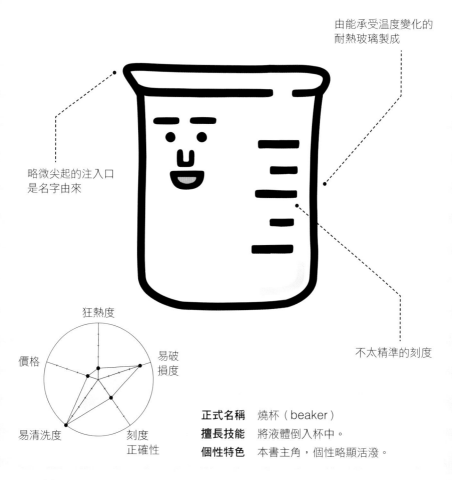

略微尖起的注入口
是名字由來

不太精準的刻度

狂熱度
易破損度
刻度正確性
易清洗度
價格

正式名稱　燒杯（beaker）
擅長技能　將液體倒入杯中。
個性特色　本書主角，個性略顯活潑。

漏斗小妹

玻棒君

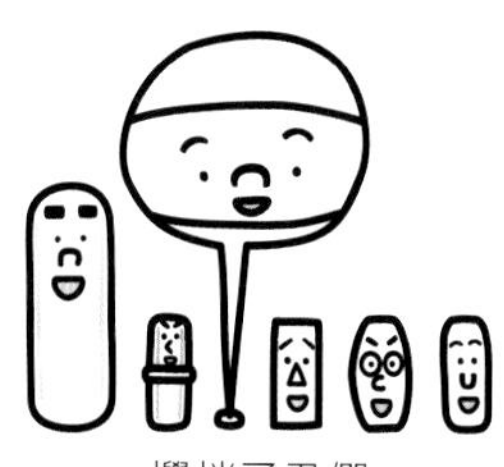
攪拌子君們

錐形燒杯君

正式名稱 錐形燒杯（conical beaker）

擅長技能 滴定時，俐落的接收液體。

個性特色 相當認真。不搞笑。

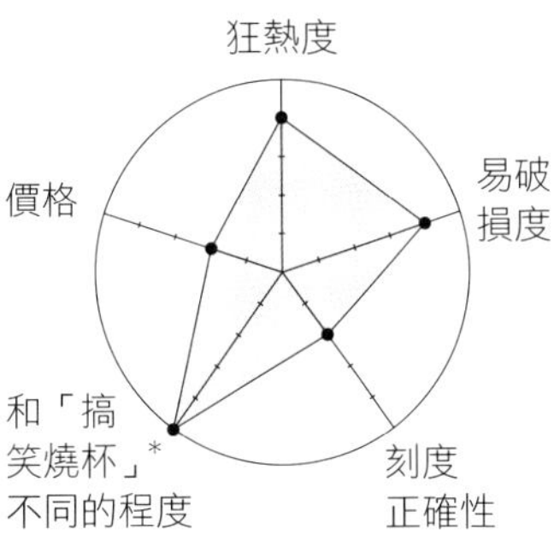

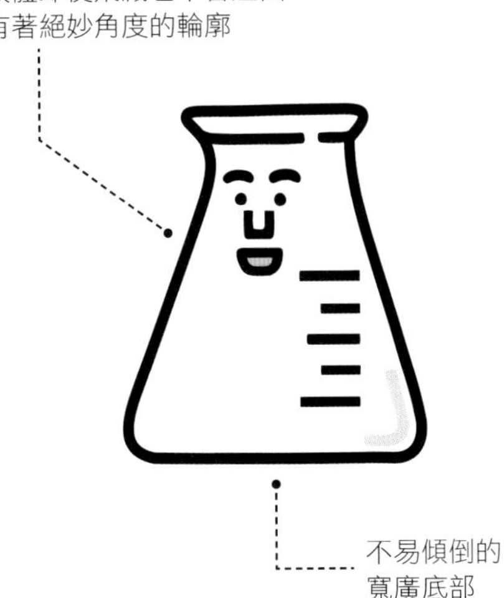

*日文「錐形（conikaru）」和「搞笑（comikaru）」音近。

高型燒杯君

正式名稱 高型燒杯（tall beaker）

擅長技能 一邊加熱液體，一邊使液體混合。

個性特色 會聯想到某職業摔角選手的下顎。

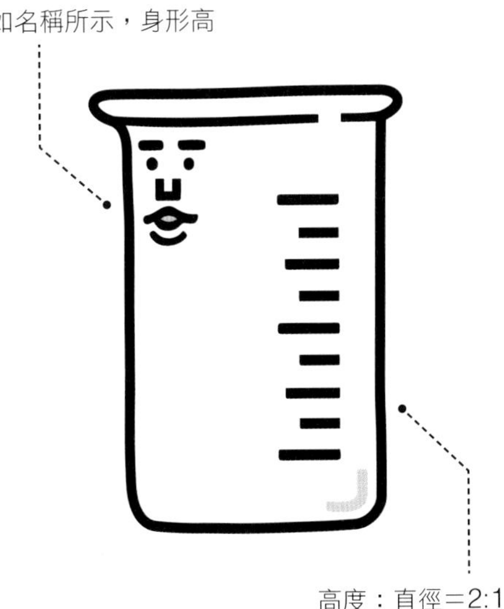

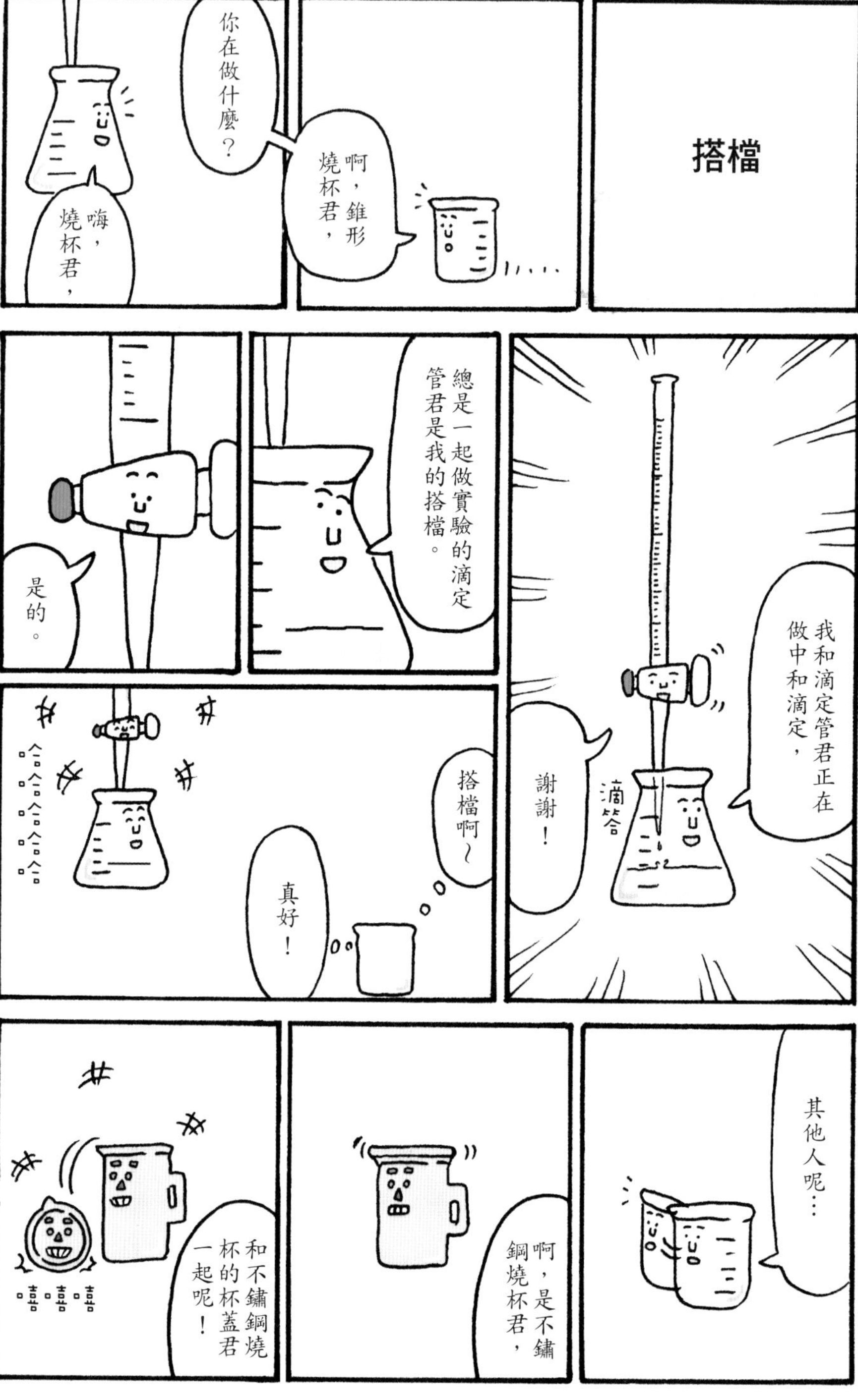
搭檔
啊，錐形燒杯君，
你在做什麼？
嗨，燒杯君，
我和滴定管君正在做中和滴定，
滴答
謝謝！
總是一起做實驗的滴定管君是我的搭檔。
是的。
搭檔啊～
真好！
哈哈哈哈哈
其他人呢……
啊，是不鏽鋼燒杯君，
和不鏽鋼燒杯的杯蓋君一起呢！
嘻嘻嘻

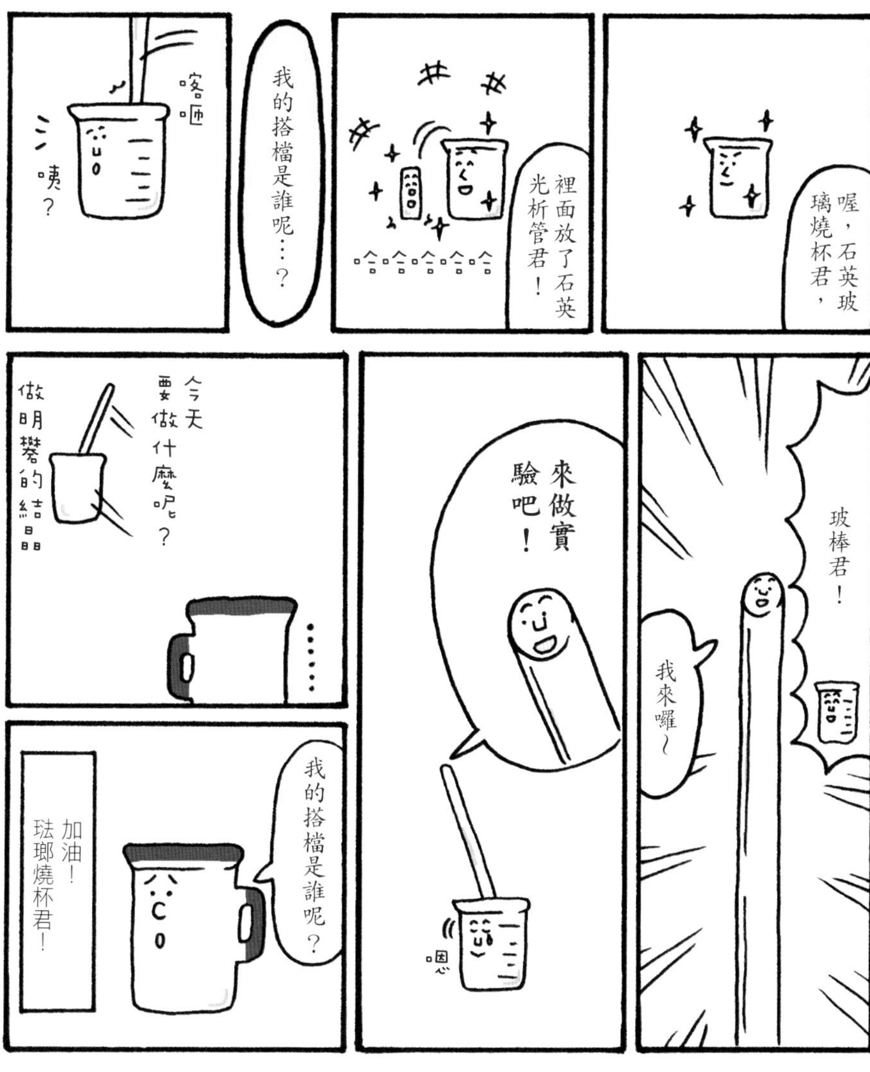

分液漏斗和滴定管都有活栓，經常會發生拆下活栓沖洗漏斗後，不知道它跑哪去的情形。活栓和本體的接合處是一條一條層次分明的凹痕，所以因遺失而單買的活栓，也常無法和本體完全吻合。有時候，人們會在凹痕面上塗抹凡士林，但要是液體仍會洩漏的話，就無法再使用了。一個小小活栓竟然能讓巨大而且高價的滴定管成了偌大的垃圾，宛如死屍堆疊在那裡。

燒杯君備忘錄

▼進行中和滴定時，由錐形燒杯君擔綱。

把手燒杯君

正式名稱 把手燒杯（beaker with handle）

擅長技能 將滾燙的液體倒入實驗儀器。

個性特色 擁有大而寬廣的心。

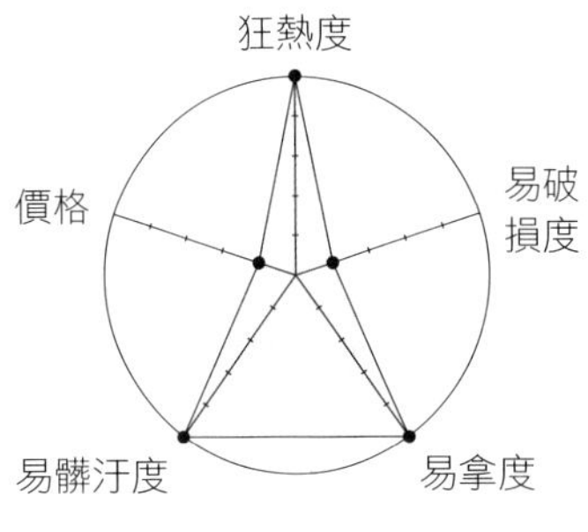

不鏽鋼燒杯君與杯蓋君

正式名稱 不鏽鋼燒杯（stainless beaker）

擅長技能 盛裝腐蝕性高的液體。

個性特色 閃亮亮的身軀是魅力所在。

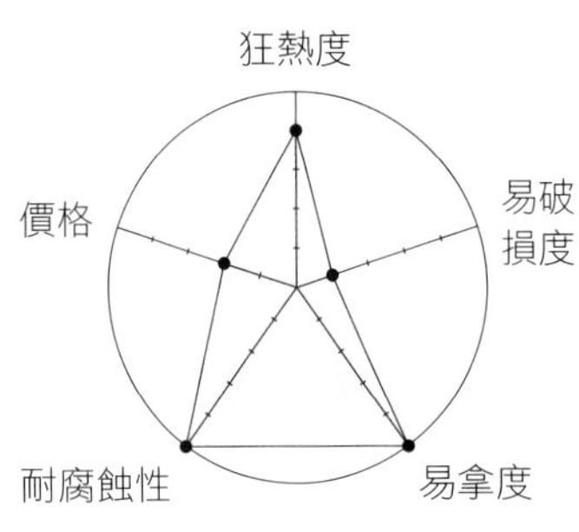

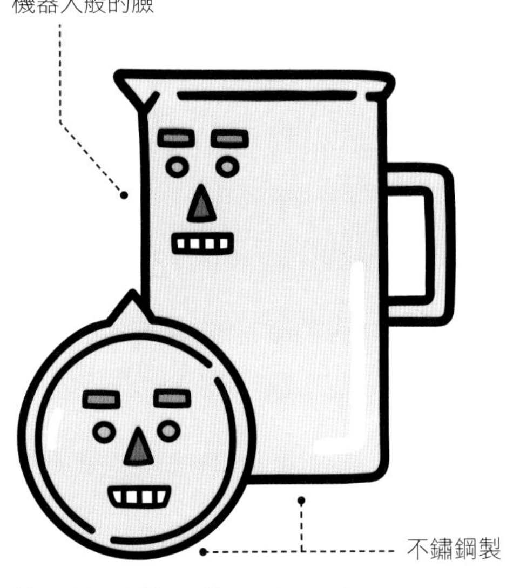

琺瑯燒杯君

正式名稱 琺瑯燒杯（enamel beaker）

擅長技能 盛裝腐蝕性高的液體。

個性特色 無論對什麼事，都立刻感動的說出「哦」的一聲。

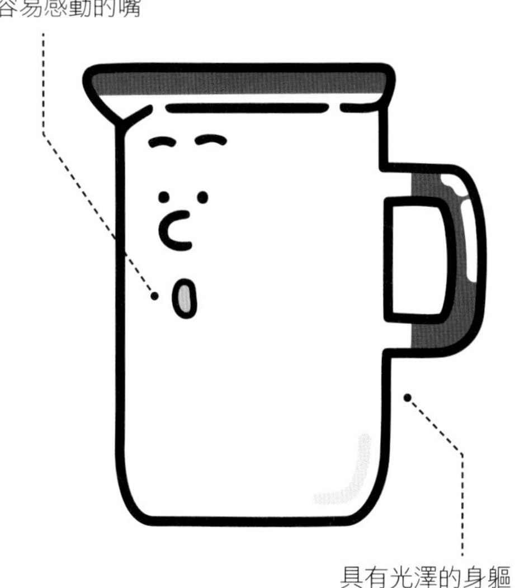

石英玻璃燒杯君

正式名稱 石英玻璃燒杯（quartz glass beaker）

擅長技能 盛裝高濃度的酸性液體。

個性特色 將燒杯君視為對手。

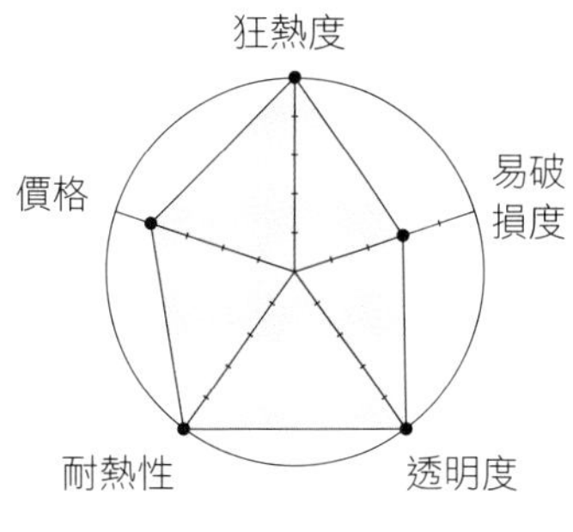

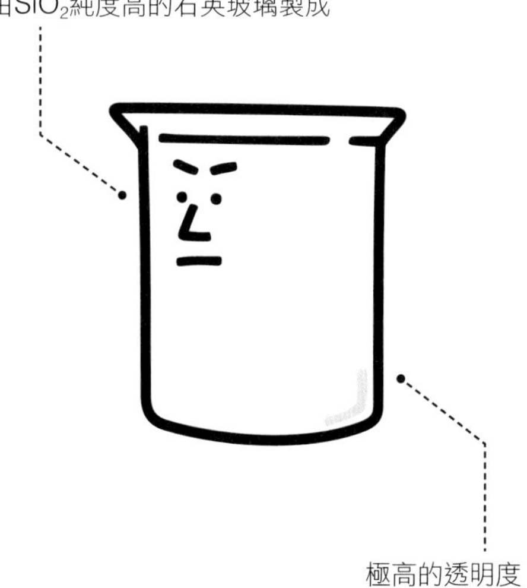

新品燒杯的其他用途

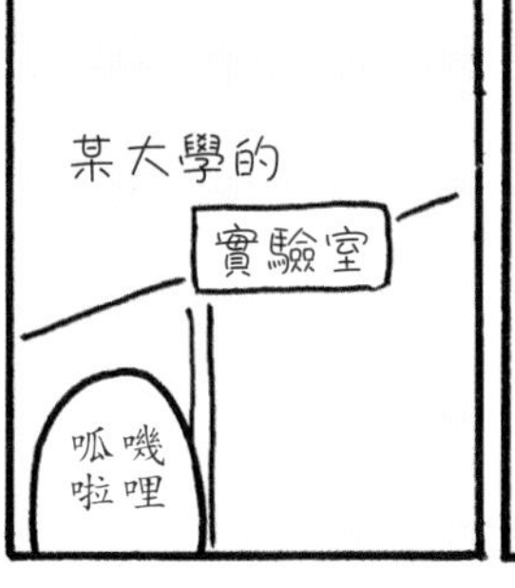
某大學的
實驗室
嘰哩呱啦

燒杯今天在做什麼？
嘰哩呱啦
嘰哩呱啦

哇，實驗室有聚餐呢！
嘰哩呱啦
嘰哩呱啦
嘰哩呱啦

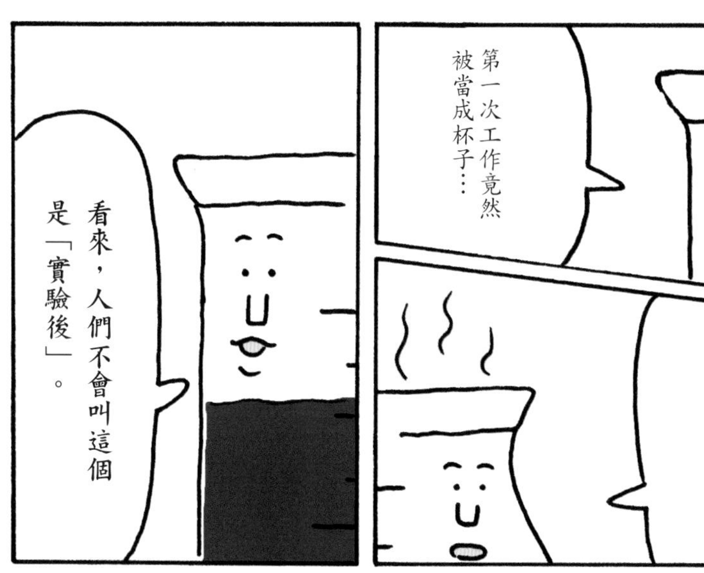
第一次工作竟然被當成杯子⋯
但是，只有現在可以這樣使用喔！
看來，人們不會叫這個是「實驗後」。

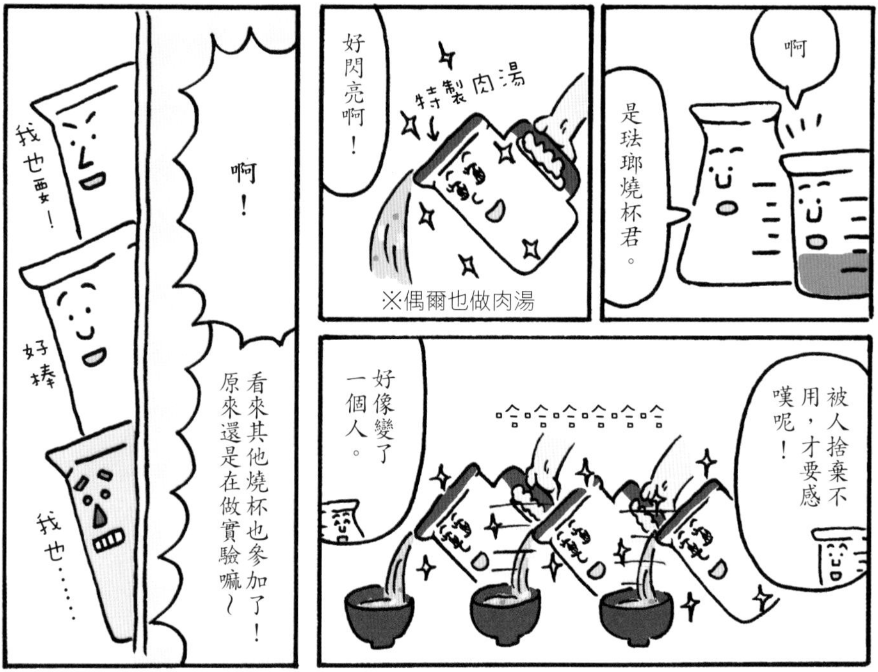

新品燒杯的其他用途

就算只盛裝過一次藥品，這樣的實驗器材都不適合在日常生活中使用了。話雖如此，以燒杯為首的玻璃器材因為看起來吸睛，所以在日常生活中還是會使用。不少人甚至購買新品做裝飾，或是放在食物架上欣賞。

可是這個器材一旦不小心破裂，其裂口要比一般玻璃還尖銳，細小的破片也會四處飛散。我就曾經有過小心翼翼拿著黏毛滾輪清潔地毯的教訓。

燒杯君備忘錄

▼因為可能有藥品等殘留物，所以勿將實驗器材當做食器使用！

COLUMN

02

燒杯君的「超級」祖先

燒杯是何時誕生的？事實上，這個問題非常難回答。根據資料顯示，玻璃可能是西元前2250年左右，在美索不達米亞製作出來的。一般認為，玻璃容器的製作始於西元前十六世紀左右。但這個時代是否已將玻璃當做實驗器材使用，目前並不清楚。

進一步回溯歷史可知，西元前二十六世紀到西元前十九世紀，歐洲各地的「鐘狀燒杯」文化已經發達，更古老的時代（約7000～5000年前）還有所謂的「漏斗狀燒杯」文化。

這些「燒杯」都是素燒黏土而成的土器，自然無法應用在化學實驗中。但它們可能是生活用具之一，被人們當做盛裝液體等的飲料杯來使用。燒杯這個稱呼，也許是後世的歷史學者賦予的。本頁的標題「燒杯君的『超級』祖先」因為是土器，所以會給人一種「怎麼差這麼多」的感覺。

據歷史研究顯示，會有鐘狀燒杯是因為該地區在古老時代，人們經常飲用蜂蜜酒的緣故。而燒杯君的好友燒瓶（flask），其語源來自拉丁語的flasca，是酒瓶的意思。也就是說，燒杯或燒瓶原本都是裝酒來喝的器具。

當有了「原來如此，本來是這麼用」的認識以後，相信人們不會在聚餐時，胡亂將藥品裝在燒杯或燒瓶裡，而是保持它們的乾淨吧。

CHAPTER

盛裝的夥伴

各種燒瓶

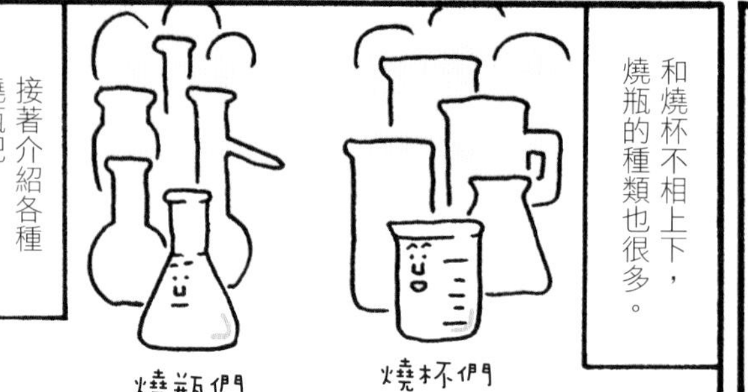
和燒杯不相上下，燒瓶的種類也很多。
接著介紹各種燒瓶吧！
燒杯們
燒瓶們

燒瓶的語源是拉丁語的「flasca」，意指「酒瓶」。
知道嗎？
咦～之前不知道

那麼就從早先登場的錐形瓶君開始介紹。
再跟大家問聲好

他是德國科學家埃倫邁爾發明的。
有了！
埃倫邁爾
1825～1909

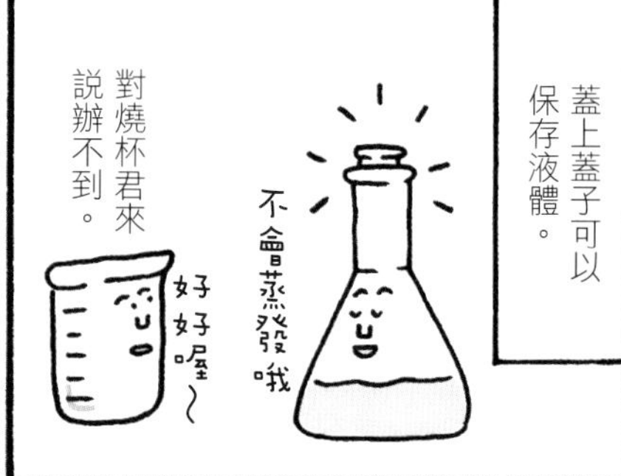
蓋上蓋子可以保存液體。
不會蒸發哦
對燒杯君來說辦不到。
好好喔～

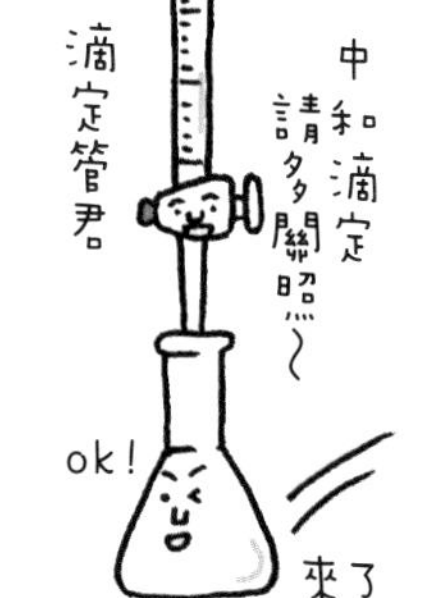
整個瓶口細窄、呈三角形，即使代替錐形燒杯君上場，也很活躍。
中和滴定請多關照～
滴定管君
ok！
來了

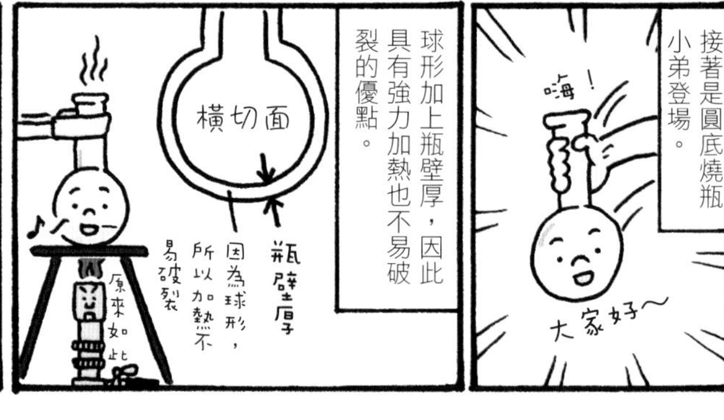
接著是圓底燒瓶小弟登場。
嗨！
大家好～
球形加上瓶壁厚，因此具有強力加熱也不易破裂的優點。
橫切面
瓶壁厚
因為球形，所以加熱不易破裂
原來如此

只是如果沒有燒瓶托君協助就無法站立。
總是麻煩你，謝謝！
不客氣

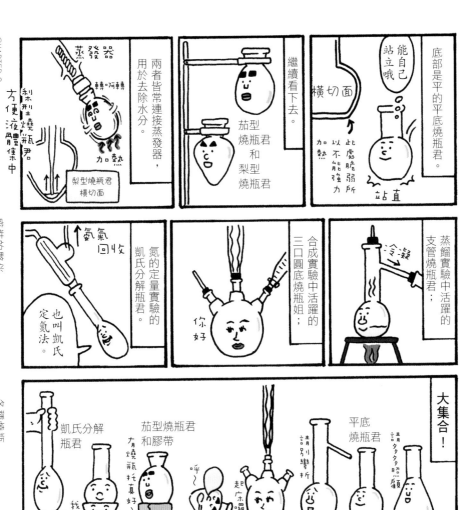

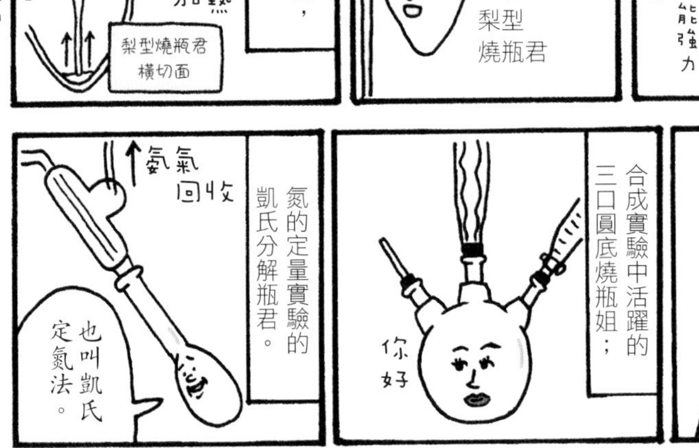

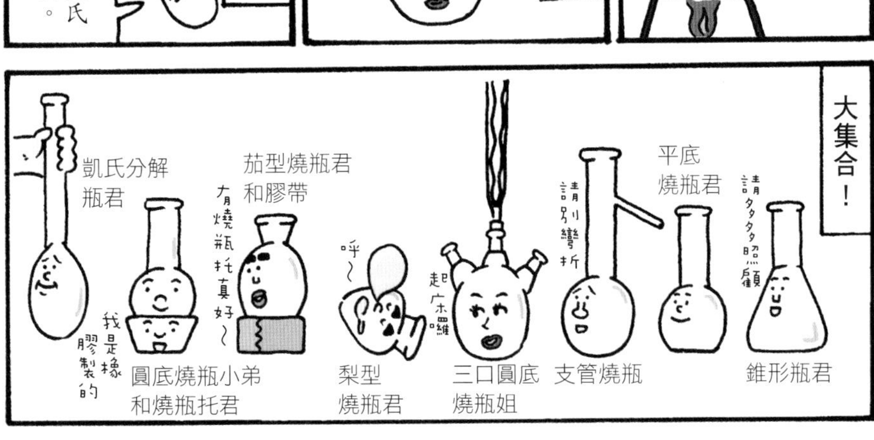

燒瓶的瓶口比瓶身小了許多，即使受到搖晃，瓶裡的內容物也不易飛濺出來，灰塵也不易進入瓶裡，這是燒瓶與燒杯最大的不同，但有時候這樣的小口也會招致災禍。當人們將尺寸略小的橡膠塞當成蓋子突然塞入時，噗通一聲，橡膠塞就掉進燒瓶裡了……。雖然比燒瓶口徑略小的橡膠塞比較好，但會弄錯的多半是再小一點點的橡膠塞，一旦掉進瓶裡，倒也倒不出來。若是燒杯，拿取就簡單多了，只是燒杯上面不會塞橡膠塞。

燒杯君備忘錄

▼分成能自己站立和無法站立的燒瓶。

錐形瓶君

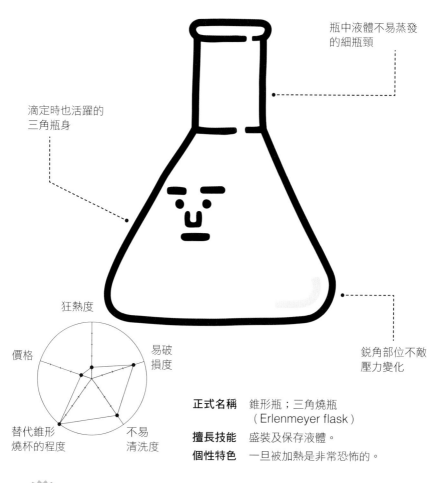

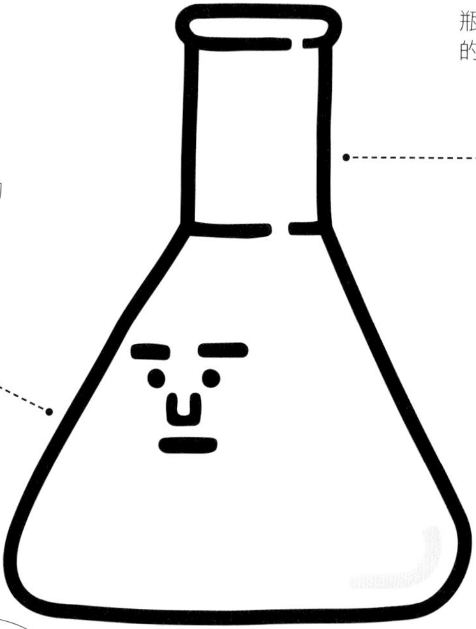

瓶中液體不易蒸發
的細瓶頸

滴定時也活躍的
三角瓶身

鋭角部位不敵
壓力變化

狂熱度

易破
損度

價格

替代錐形
燒杯的程度

不易
清洗度

正式名稱　錐形瓶；三角燒瓶
（Erlenmeyer flask）

擅長技能　盛裝及保存液體。

個性特色　一旦被加熱是非常恐怖的。

橡膠塞小子

軟木塞君

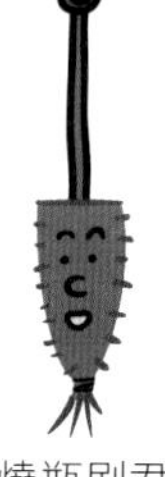
燒瓶刷君

圓底燒瓶小弟和燒瓶托君

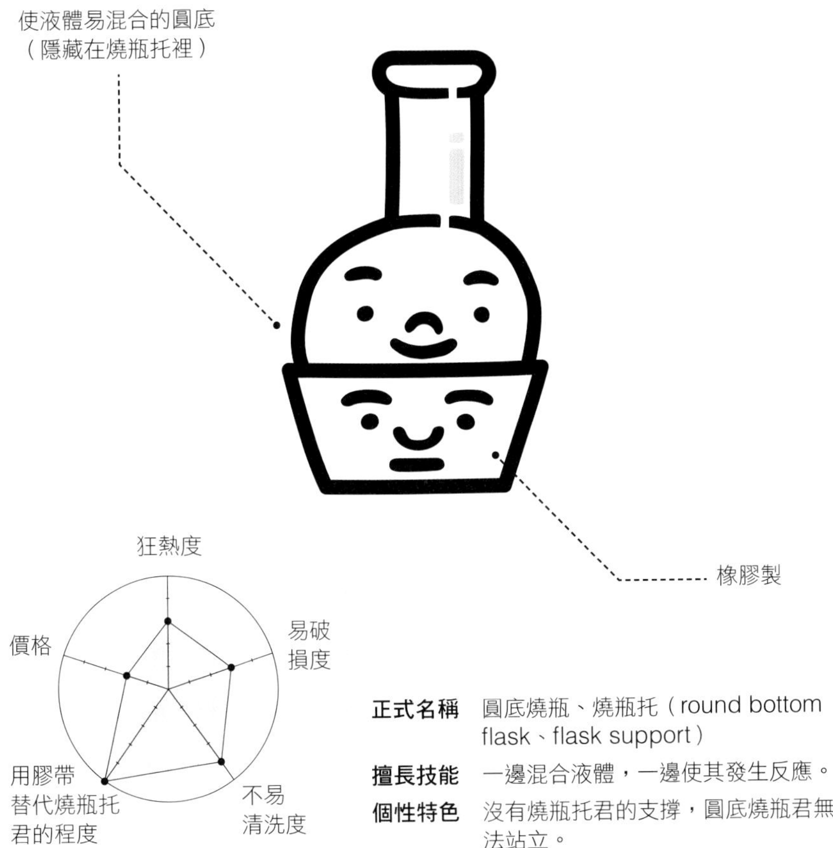

正式名稱 圓底燒瓶、燒瓶托（round bottom flask、flask support）

擅長技能 一邊混合液體，一邊使其發生反應。

個性特色 沒有燒瓶托君的支撐，圓底燒瓶君無法站立。

對於傳統實驗器材誕生的來龍去脈，人們不清楚的地方還很多，但錐形瓶卻是少數的例外。根據記載，錐形瓶是德國化學暨藥學家埃倫邁爾（Emil Erlenmeyer）發明的，他當時所畫的原圖也保留了下來。

埃倫邁爾還發現各式各樣的有機化合物。1857年，他發表了錐形瓶的原型，是由燒瓶改良而來的新器材。他改良是為了促進玻璃器材製造業的銷售，因此錐形瓶的英文叫Erlenmeyer flask（埃倫邁爾燒瓶）。坊間雖然有若干取自人名的實驗器材，可是在臺灣一般還是習慣叫它「錐形瓶」或「三角燒瓶」。因此，在這裡順帶提到埃倫邁爾，感覺很酷。

平底燒瓶君

正式名稱 平底燒瓶（flat bottom flask）

擅長技能 一邊混合各種液體，一邊使其發生反應。

個性特色 個性可靠。

茄型燒瓶君

正式名稱 茄型燒瓶（eggplant flask）

擅長技能 一邊使其轉動，一邊去除溶劑。

個性特色 不喧嘩的正直者。

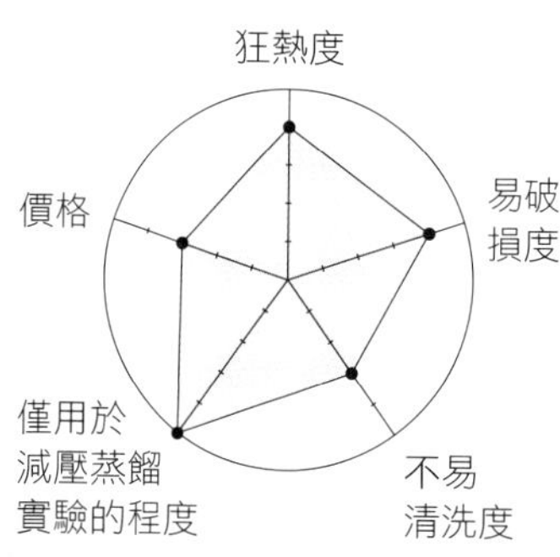

恐怖故事①

某天晚上

實驗室

我有個私房的恐怖故事…

話說大約在一年前…
聽起來很嚇人
嗯嗯

我因為不明的酷熱醒來，
咦？
怎麼那麼熱

那是我從未體驗過的異常酷熱，正當我不解的時候…

往下一看…
怎麼——

抖啊抖
看到什麼了？
抖啊抖
嚇

我正在被酒精燈君加熱！
啊啊
哄～

……
嗯？

弄不好可是會破的！
我們加熱也OK，完全不怕…
想到就覺得恐怖
是啊

梨型燒瓶君

正式名稱 梨型燒瓶（pear-shaped flask）

擅長技能 一邊轉動，一邊讓溶劑蒸發。

個性特色 什麼也不想，腦袋喜歡放空。

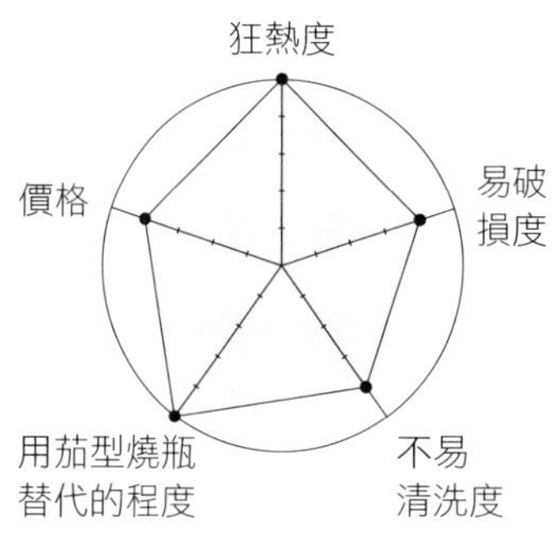

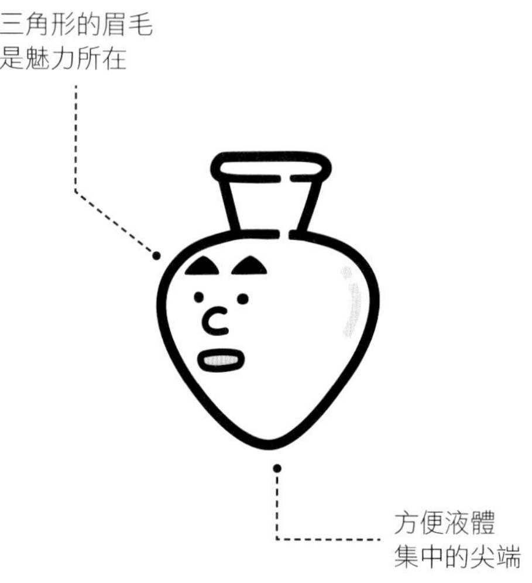

支管燒瓶君

正式名稱 支管燒瓶（side-arm flask）

擅長技能 使氣體分離。

個性特色 一旦受到信賴就不會拒絕的類型。

恐怖故事②

某天，我雖然被加熱。
微微的加熱對我來說還好♪

突然，我注意到一點……
啊！

怎，怎麼了？
抖啊抖
抖啊抖
加熱的時候好恐怖……

事實上……

沸石沒有放進來！
啊啊

……嗯？

因為沒那種經驗，所以不清楚。
嗯嗯
果不其然，突然沸騰起來了！

液體加熱至沸點卻沒有沸騰，但因為某種因素突然急遽的沸騰起來，這個現象就是「突沸」。沸石是一種多孔的陶瓷小顆粒，能防止突沸現象發生。實驗室裡通常備有瓶裝的沸石，偶爾用完了，人們會將玻璃棒加熱，像線一般拉長，再搓成圓圓的小球替代。只是製作這種替代型沸石來進行實驗，顯得有點寒酸（汗）。

順帶一提，虹吸式咖啡壺（syphon）裡面的鐵鍊，就是發揮了沸石的功能。

燒杯君備忘錄

▼錐形瓶君加熱時容易破裂。

▼加熱液體時要放入沸石。

三口圓底燒瓶姐

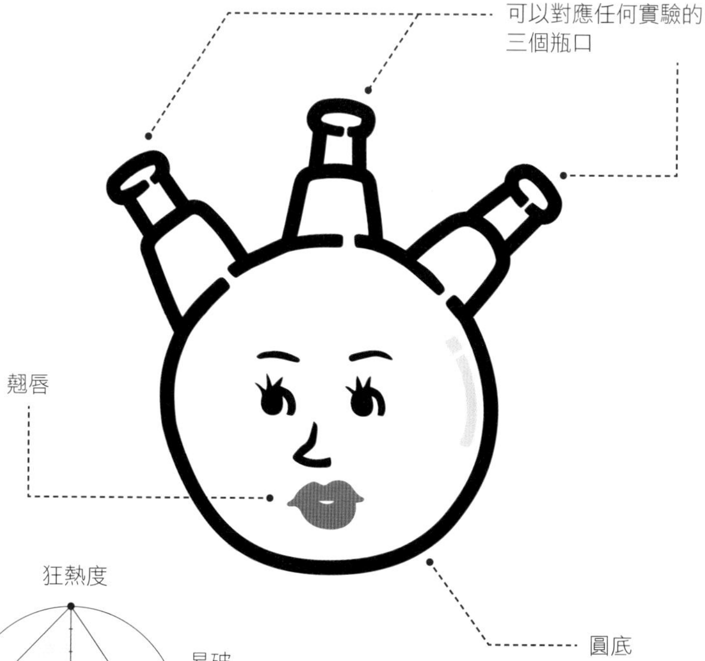

可以對應任何實驗的三個瓶口

翹唇

圓底

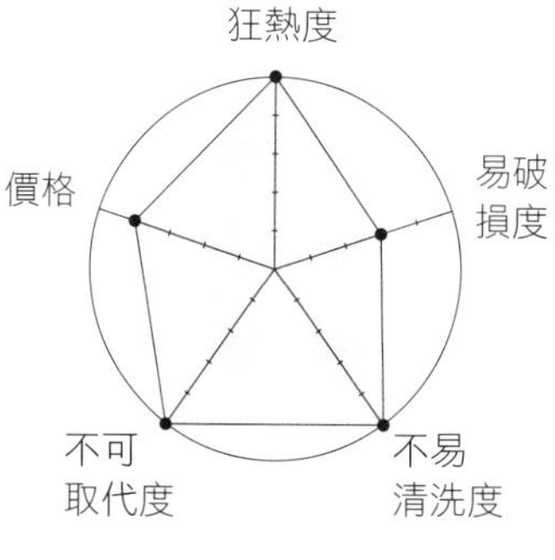

狂熱度

價格

易破損度

不可取代度

不易清洗度

正式名稱　三口圓底燒瓶（three neck flask）

擅長技能　同時連接冷凝管和溫度計等。

個性特色　無所懼的女王個性。

玻棒式溫度計君

橡膠塞小子

滴液漏斗大哥

凱氏分解瓶君

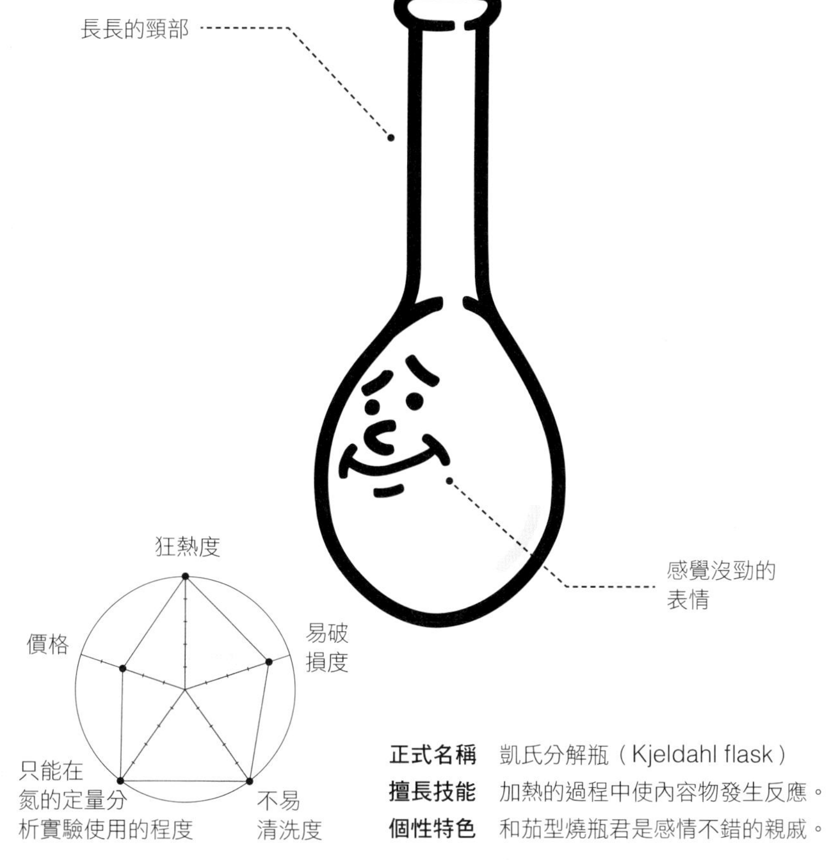

正式名稱 凱氏分解瓶（Kjeldahl flask）

擅長技能 加熱的過程中使內容物發生反應。

個性特色 和茄型燒瓶君是感情不錯的親戚。

從外型來看，燒瓶的好友都擁有細細的頸部。一般使用時不覺得有特別之處，但實際上，要讓燒瓶成形是相當費事的。燒瓶的製作是將爐中熔化的玻璃套在金屬管的前端，並且放入金屬模具中，再吹進空氣使其膨脹，像極了製作鯛魚燒時，利用上下兩個金屬模具夾合成形的動作。而且玻璃的量要固定，才能維持一致的厚度。

只是為了成形，燒瓶所有好友的弱點都落在瓶頸的根部（平底燒瓶的平底邊緣也有大致相同的弱點）。對裝滿液體的大容量燒瓶來說，移動時如果只抓住頸部，有時會把它硬生生的折斷。此時，內容物和玻璃飛散的慘狀，會讓人笑不出來。

試管兄弟

想做量少的實驗時，
燒杯的容量太大了…
真是抱歉～

這時活躍的是…
你好～
試管兄弟

使用方法如左：
液體
固體
1/4以下
倒入量不超過瓶身的1/4
搖晃時握住上方。
搖一搖

我們加熱也沒問題！此時要用這個！
你好
試管夾君

保管和風乾時要用這個！
嗨！
試管架君（木製）

還有類似試管的離心管，
離心管
我們是塑膠製的
大
小
離心管君
微量離心管君

離心管用於離心分離。
進行離心分離！
GO!!
離心機君
啪
咔
開關 OFF
開關 ON
卡！
嗡嗡
轉啊轉
停
放大圖
藉液體密度的差異來分離！

而氣體生成實驗就利用這個方法！
在愛情路上…
雙叉試管大哥

這裡
這個凹陷是我軀幹中的重要部位。

使用範例
倒入固體和液體，
固體
液體
大膽將液體往固體方向倒，
倒
液體倒太多也沒關係，可以再倒回來！
固體STOP！
倒
倒
實驗需要大膽！但，戀愛還是得謹慎啊！

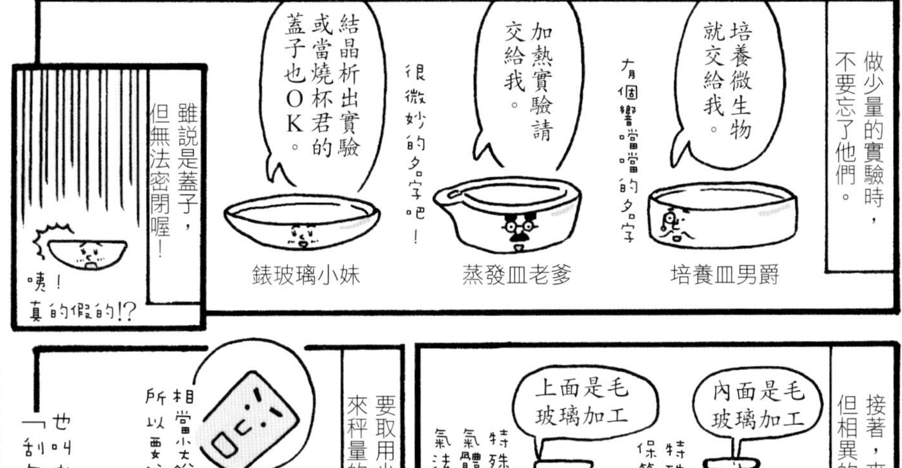

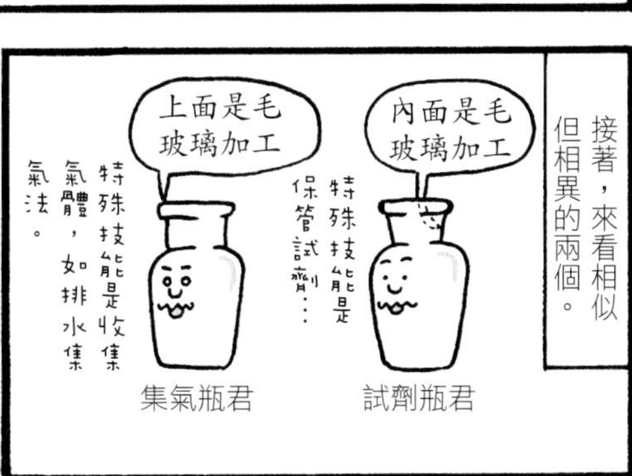

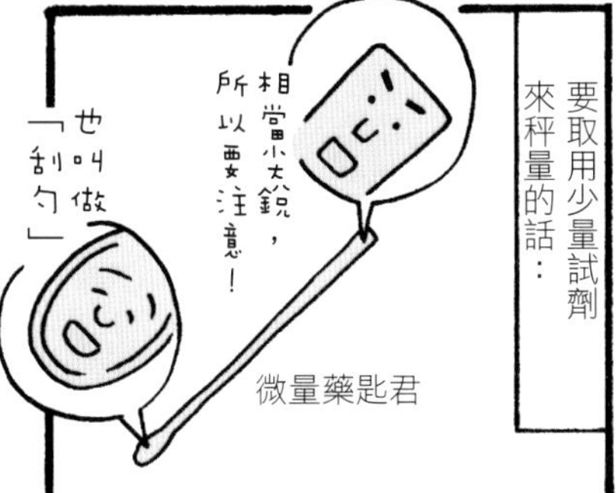

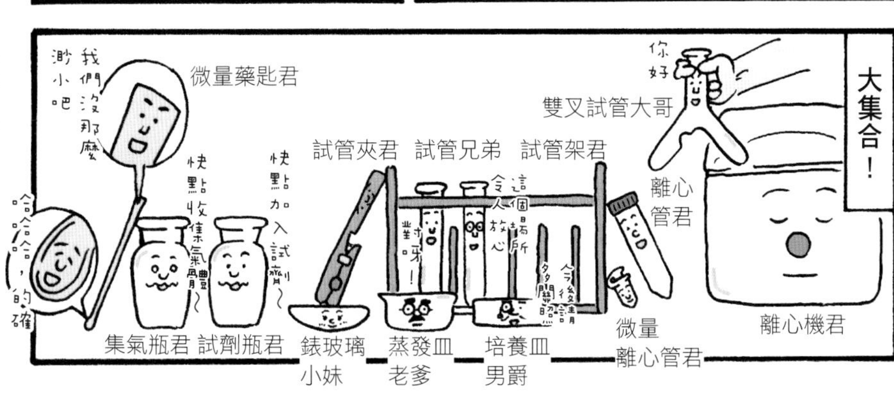

能清洗到試管底部的刷子不少，若用玻棒或玻棒式溫度計去清洗試管底部，則是件非常危險的事。和試管刷不同的是，玻棒或玻棒式溫度計因為有重量，可輕鬆墜至試管底部進行清洗。然而意外通常發生在將試管移到洗手臺清洗時，這時實驗剛完成、心情放鬆，接著溫度計就在清洗試管時敲壞了球部（量測溫度的部位）。如果敲壞的是水銀溫度計，除了金錢損失不小外，還得拖著銅線吸取地上的水銀，後續的收拾十分辛苦。

燒杯君備忘錄

▼微量離心管君是離心管君的縮小版。

試管兄弟

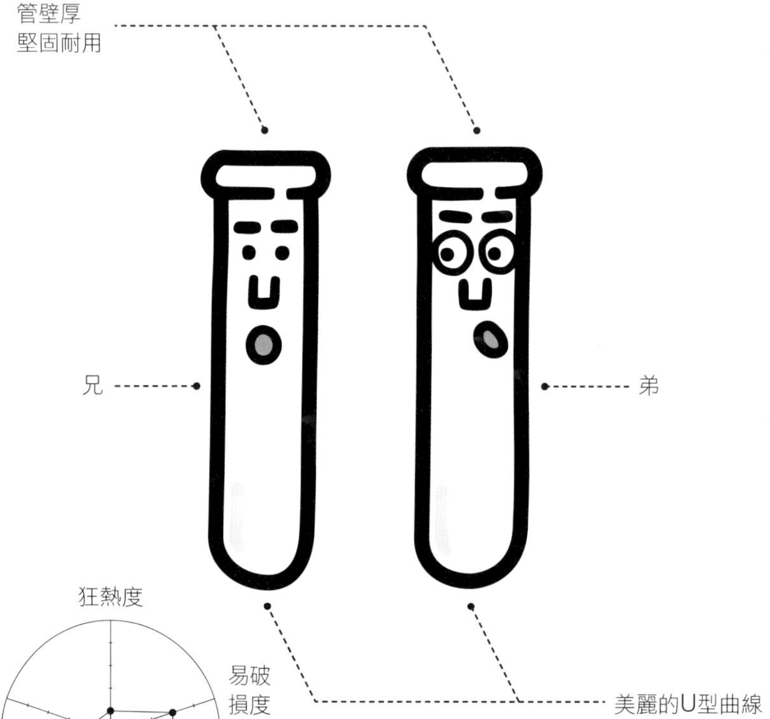

管壁厚
堅固耐用

兄

弟

美麗的U型曲線

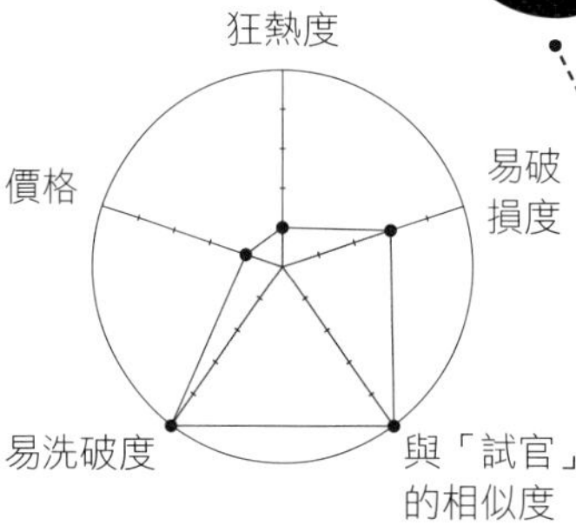

狂熱度
易破損度
與「試官」的相似度
易洗破度
價格

正式名稱 試管（test tube）

擅長技能 使少量試劑發生反應並且保存溶液。

個性特色 兩人都深具好奇心，總是請教別人。

實驗夥伴

試管夾君

試管架君

試管刷君

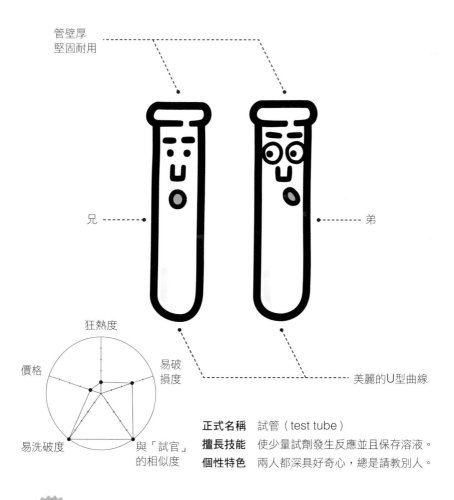

試管夾君

正式名稱 試管夾（test tube clamp）

擅長技能 夾住試管。

個性特色 總靠不住的感覺，要做就做的類型。

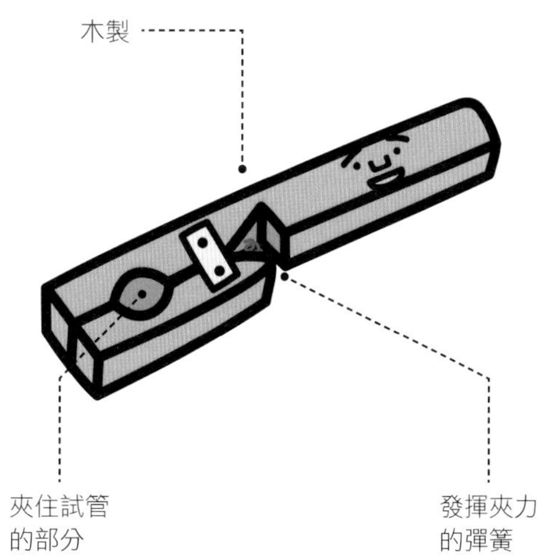

試管架君

正式名稱 試管架（test tube stand）

擅長技能 把試管立起來。

個性特色 擅於傾聽，總是快樂聆聽試管兄弟的話。

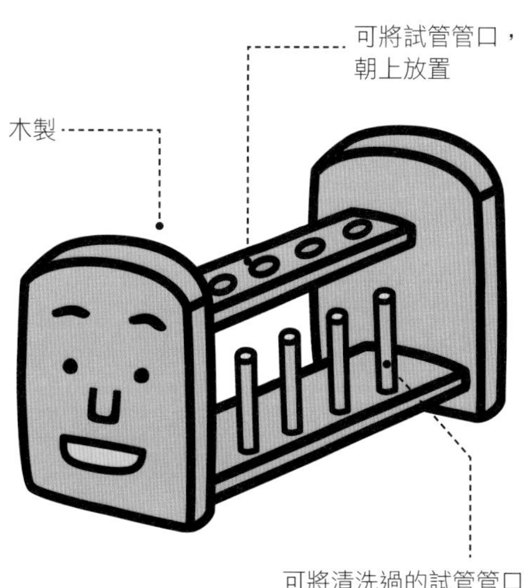

離心管君與微量離心管君

正式名稱　離心管、微量離心管（centrifuge tube）

擅長技能　倒入液體後，藉離心機來轉動。

個性特色　離心管君熱心助人。微量離心管君則很穩重。

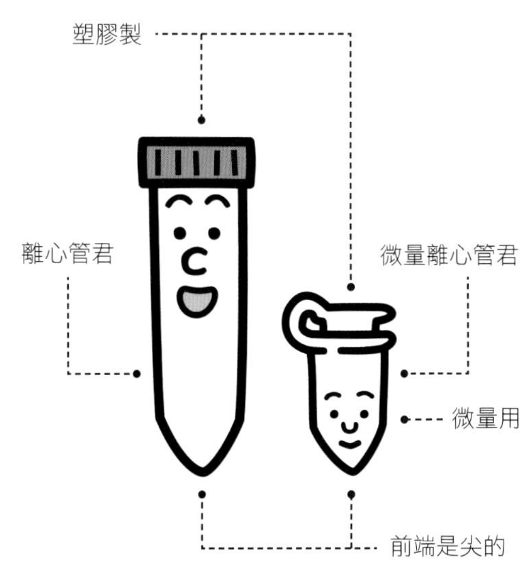

*日文的離心管叫「遠沈管」，但離心機叫「遠心機」。

離心機君

正式名稱　離心機（centrifugal separator）

擅長技能　轉動離心管，以分離比重不同的液體。

個性特色　平時都在睡，只在實驗的時候醒來。

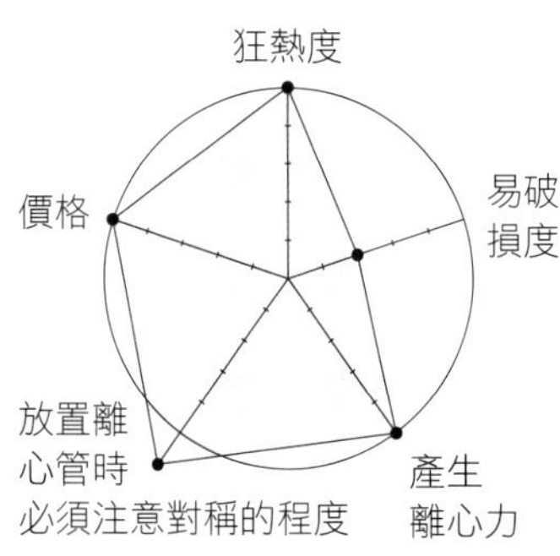

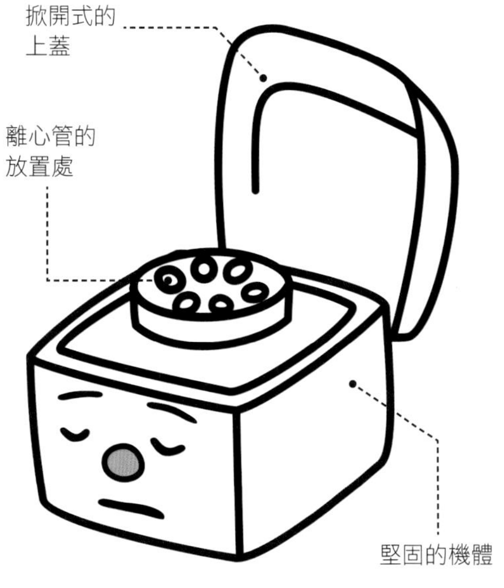

燒杯君備忘錄

▼離心機君的力量真驚人呢…

雙叉試管大哥

正式名稱 雙叉試管
（forked test tube）

擅長技能 方便使固體和液體發生反應。

個性特色 雖帶雙叉（劈腿）之名，卻忠於愛情。

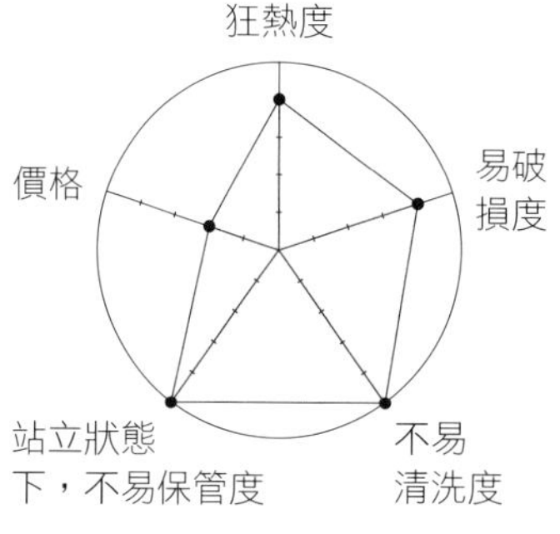

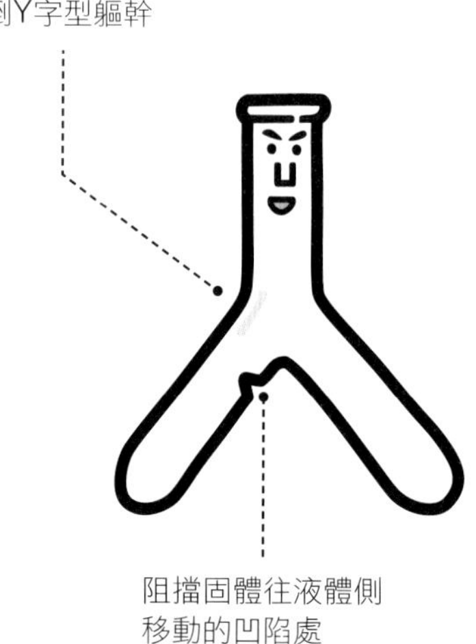

培養皿男爵

正式名稱 培養皿
（petri dish）

擅長技能 培養微生物。

個性特色 男爵味十足的鬍子是標誌。

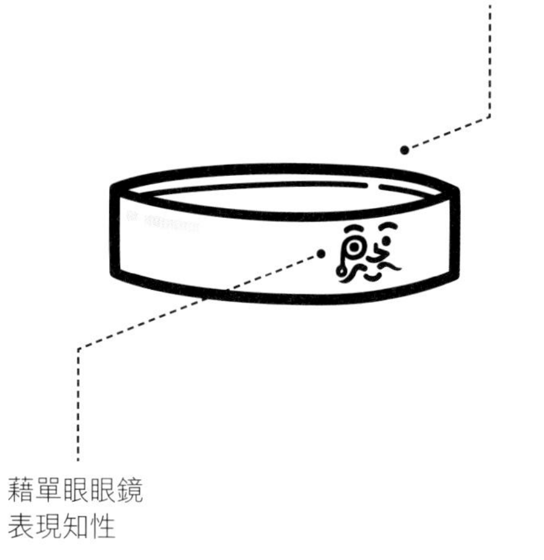

蒸發皿老爹

正式名稱 蒸發皿（evaporating dish）

擅長技能 加熱溶液、析出溶質。

個性特色 多半不語，令人放心的類型。

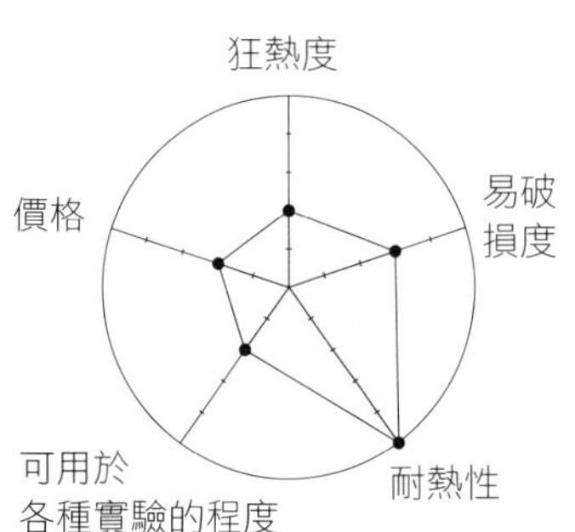

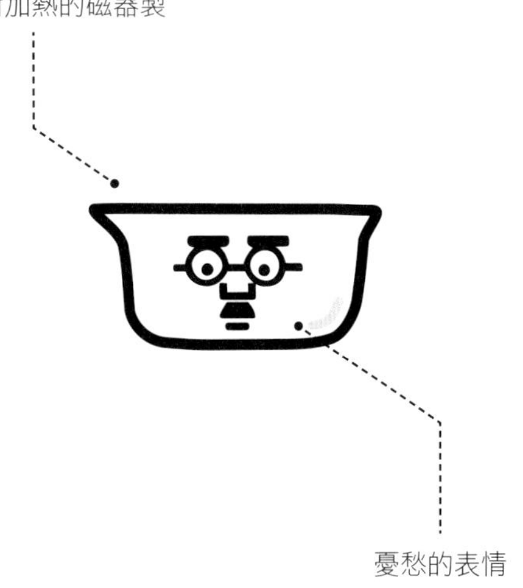

錶玻璃小妹

正式名稱 錶玻璃（watch glass）

擅長技能 能析出少量的結晶。

個性特色 個性既活潑又積極。

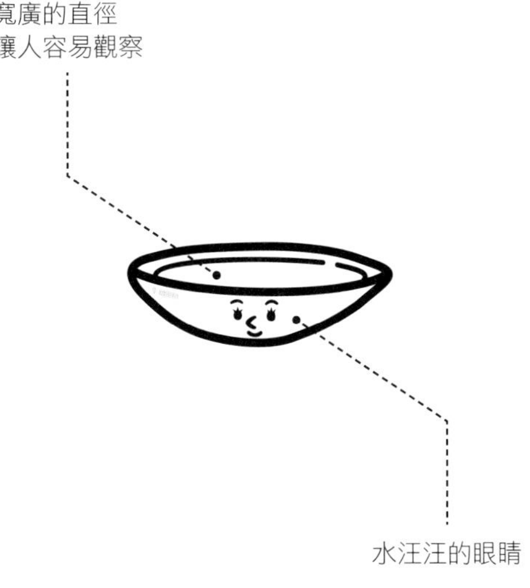

試劑瓶君與試劑瓶蓋君

正式名稱 試劑瓶
（reagent bottle）

擅長技能 保存試劑和溶液等。

個性特色 顫抖的唇是迷人之處。

集氣瓶君與集氣瓶蓋君

正式名稱 集氣瓶（gas
collecting bottle）

擅長技能 把氣體收集在瓶內。

個性特色 集氣瓶蓋君偶爾會弄錯，而蓋在試劑瓶君上面。

微量藥匙君

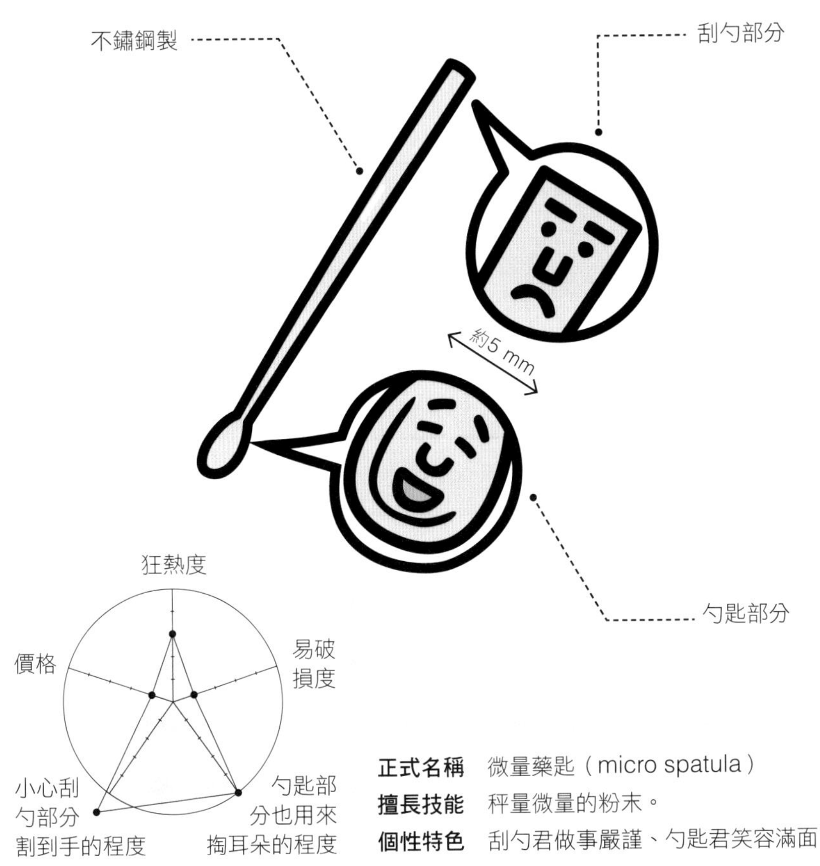

正式名稱 微量藥匙（micro spatula）

擅長技能 秤量微量的粉末。

個性特色 刮勺君做事嚴謹、勺匙君笑容滿面。

廣口型試劑瓶和集氣瓶的剪影像得讓人無法分辨。分辨要點在於彩色圖鑑裡描述的瓶口毛玻璃部分。

集氣瓶的瓶口整個都是毛玻璃，所以只要是扁平的瓶蓋（某一面是毛玻璃）都合適。但因為試劑瓶的瓶蓋只有側面是毛玻璃的，所以磨合不佳時，瓶蓋和瓶身便無法吻合。嚴重的話，瓶蓋一蓋上就拿不下來了（只好打破……哭）。

這樣的特性和結果確實是個問題，所以最近漸漸被塑膠製的容器取代。結果，購買的器材就這麼擱置一旁，讓人忘了它的存在。

瓶蓋
保管液體或試劑不可缺少的…
沒錯，就是瓶蓋！
這次是瓶蓋的故事。

第一屆瓶蓋高峰會
嘰哩呱啦
嘰哩呱啦
嘰哩呱啦
各位，這次能聚在一起，十分感謝！
第一屆高峰會會議開始。

請多多指教!!
毛玻璃圓盤君（集氣瓶的瓶蓋）
酒精燈蓋君
試劑瓶蓋君
軟木塞君
橡膠塞小子
矽膠塞小妹
磨砂塞君

那麼，首先從「塞子」開始。
從我先開始
因為是瓶蓋，所以都被隨便亂放！
至少要收在桌子抽屜裡嘛～
嗯嗯
嗯嗯

燒杯因為開口大，所以處理揮發性溶液時，得留心蒸發的問題，即使不擔心這一點，也要防止灰塵掉落。加上封口膜、鋁箔或使用專用的燒杯蓋等，都是防止灰塵掉落的方法。除此之外，意外發現一般商店販售的矽膠馬克杯蓋是個好物，不只有鍋蓋大小，還有可以緊密吸附、防止內容物潑灑出來的類型。不過用在300毫升的燒杯上已經是極限，超過這個容量的話，還是購買專用品吧！

燒杯君備忘錄

▼瓶蓋要妥善保管喔~

磨砂塞君

正式名稱　磨砂塞（stopper）

擅長技能　使毛玻璃加工過的細口容器密閉。

個性特色　在瓶蓋高峰會中擔任司儀。

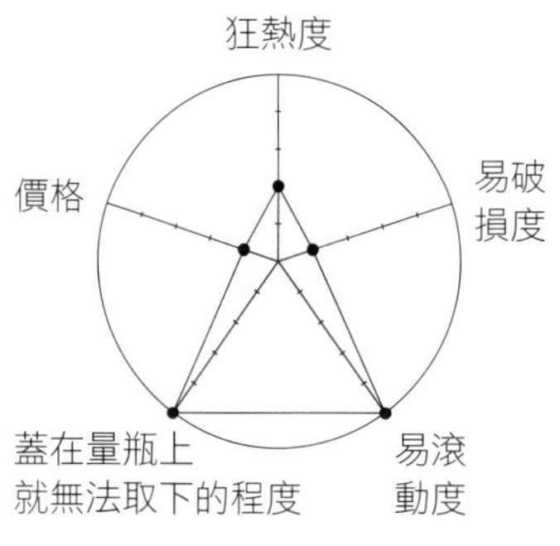

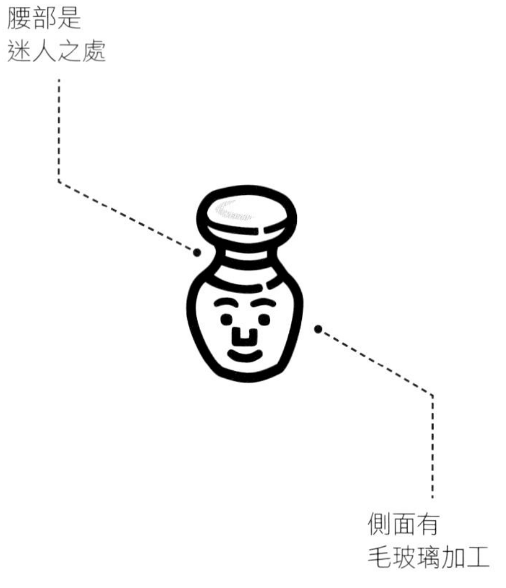

矽膠塞小妹

正式名稱　矽膠塞（silicone rubber stopper）

擅長技能　使細口容器密閉。

個性特色　個性率直，所以偶爾會抱怨兩句。

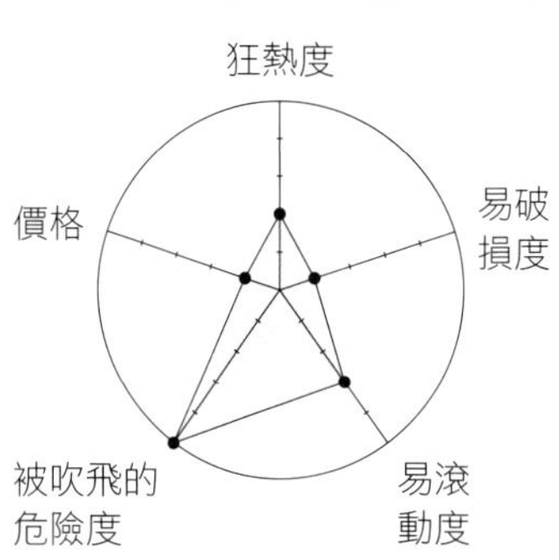

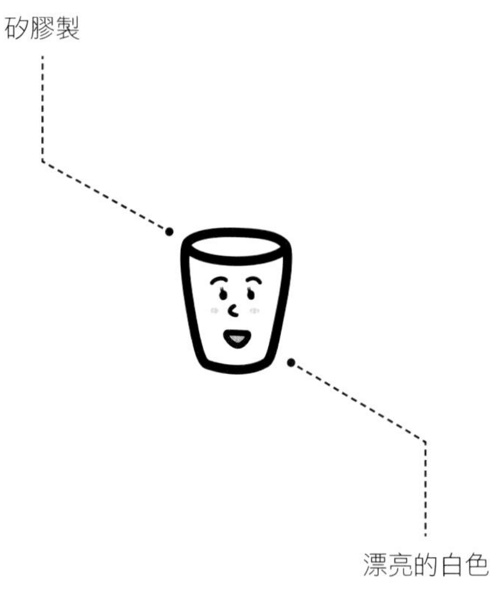

橡膠塞小子

正式名稱 橡膠塞
（rubber stopper）

擅長技能 使細口容器密閉。

個性特色 不成熟的花花公子，
但人還不錯。

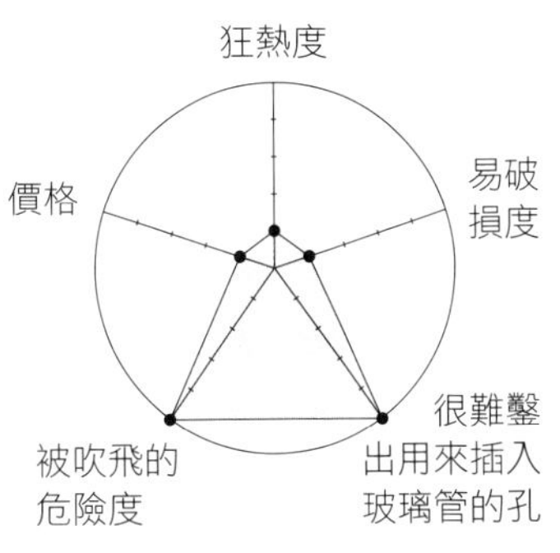

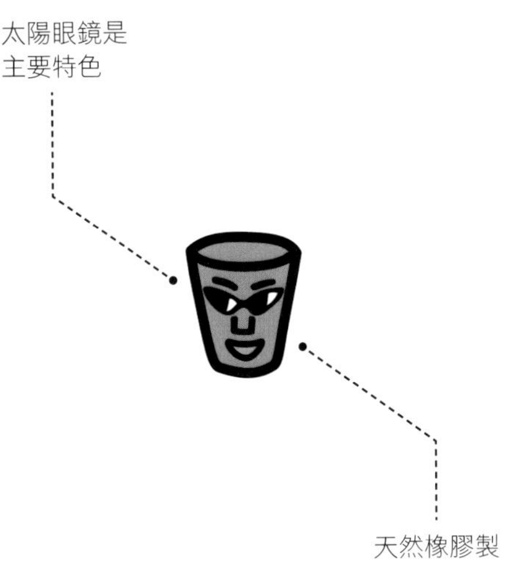

軟木塞君

正式名稱 軟木塞
（cork stopper）

擅長技能 使細口容器密閉。

個性特色 擁有一顆總是為朋友
設想的溫柔心。

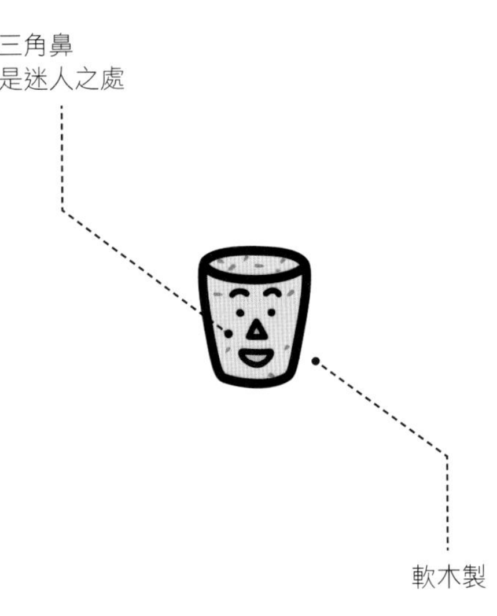

COLUMN

03

巴斯德與鵝頸瓶

若要舉出燒瓶界的明星，第一個想到的一定是「鵝頸瓶」。把燒瓶的瓶頸加熱後，拉成細細長長的S形……這就是特別加工成鵝頸形的燒瓶，是法國生物化學暨細菌學家路易·巴斯德（Louis Pasteur，1822～1895）在十九世紀後半葉進行的知名實驗所開發的器材。

在巴斯德的實驗尚未進行之前，學界認為微生物是從養分充足的溶液中自然生成的（也就是從無生物狀態發生的「自然發生說」）。對此提出疑問的巴斯德，把裝有肉湯的燒瓶加工成「鵝頸瓶」，再將肉湯煮沸殺菌後靜置。結果，肉湯放了一段時間都沒有腐敗。接著，不管是折斷燒瓶頸部，或是搖晃燒瓶，讓肉湯流進燒瓶的頸部，肉湯後來都腐敗了。於是巴斯德認為「落入燒瓶頸部的塵埃裡，具有微生物的『起源』」，並於1861年發表在〈自然發生說之檢討〉的論文中。

與之相對，支持自然發生說的研究者提出的反論是「浸有乾草的肉湯用這個方法仍會有微生物繁殖、肉湯腐敗的情形」。後來巴斯德所研究的某種細菌，證實能在極高溫的狀態下存活，因此他的實驗為微生物與細菌的研究，帶來重大的影響。

事實上，「鵝頸瓶」實驗非常不容易進行，實驗本身不難，難的是無法有效加工製作出鵝頸。一旦試著拉長用現代薄玻璃製成的燒瓶頸部，在過程中一不小心就會折斷，然後實驗室裡就堆滿了裝有肉湯的燒瓶殘骸。直到後來才發現，把玻璃管彎成S形，再用橡膠塞把S形玻璃管套接在燒瓶上就行啦（汗）。

CHAPTER

量測的夥伴

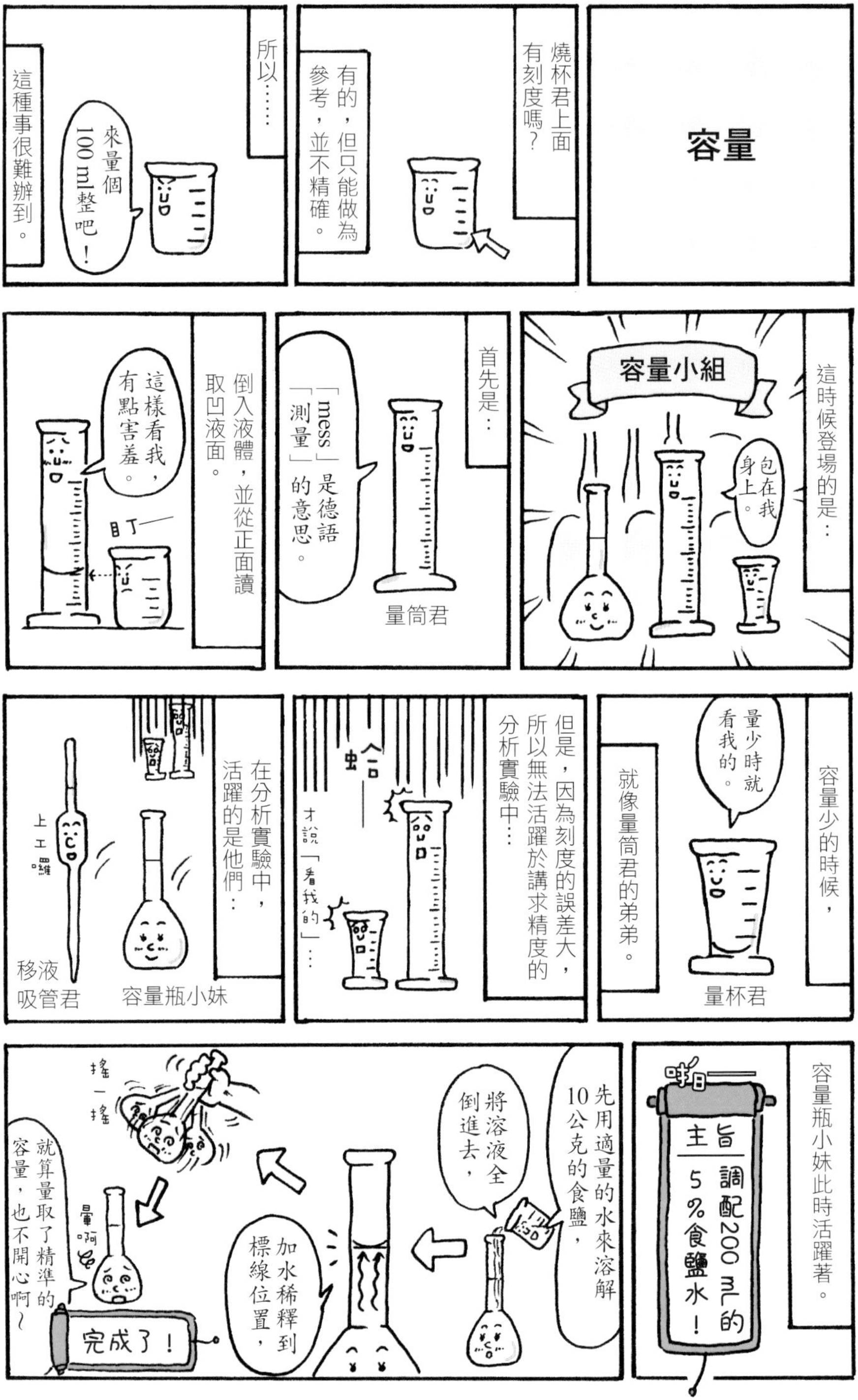

容量

燒杯君上面有刻度嗎？

有的，但只能做為參考，並不精確。

所以……

來量個100 ml整吧！

這種事很難辦到。

這時候登場的是：

容量小組

包在我身上。

首先是：

「mess」是德語「測量」的意思。

量筒君

倒入液體，並從正面讀取凹液面。

這樣看我，有點害羞。

盯——

容量少的時候，

量少時就看我的。

就像量筒君的弟弟。

量杯君

但是，因為刻度的誤差大，所以無法活躍於講求精度的分析實驗中…

蛤——

才說「看我的」…

在分析實驗中，活躍的是他們：

上工囉

移液吸管君

容量瓶小妹

容量瓶小妹此時活躍著。

啪——

主旨 調配200 mL的5%食鹽水！

先用適量的水來溶解10公克的食鹽，

將溶液全倒進去，

加水稀釋到標線位置，

搖一搖

量啊

完成了！

就算量取了精準的容量，也不開心啊～

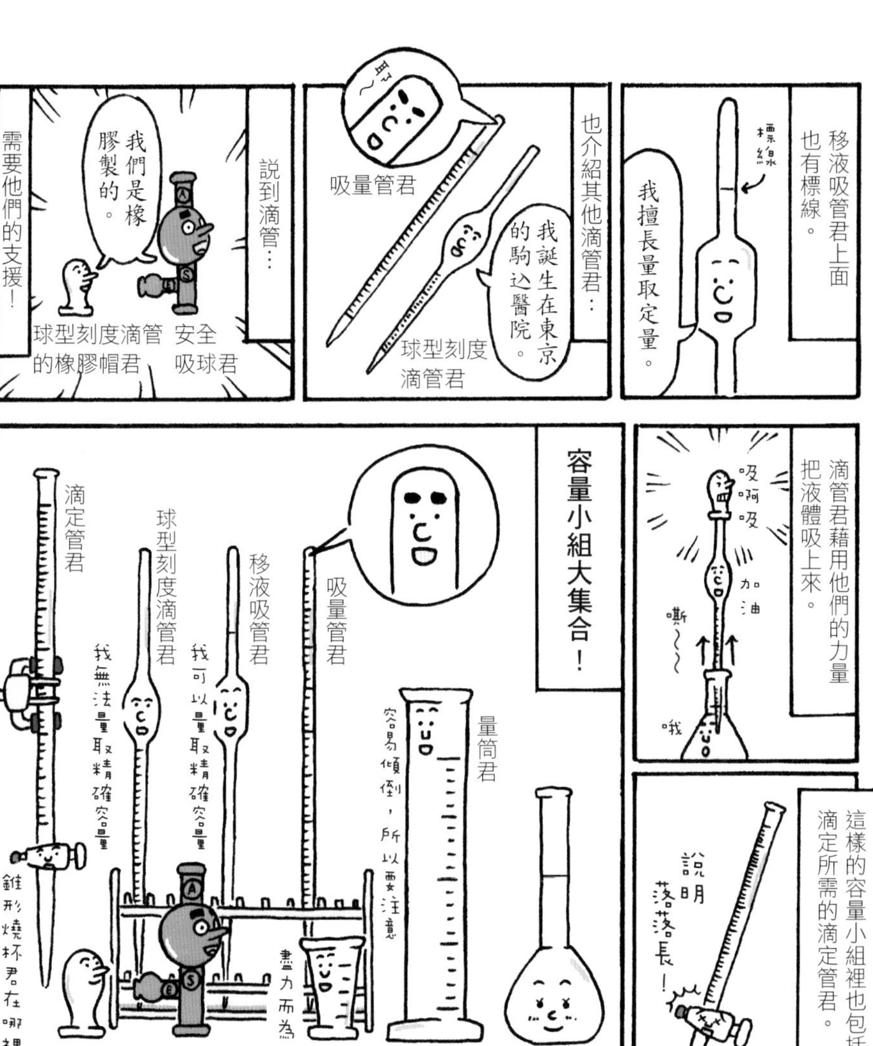

早期的人們在使用移液吸管時，就對「用嘴來吸取溶液」這件事感到相當困惑。因為如果是揮發性溶液，或是有毒的物質該怎麼辦（當然不能用吸的）。直到看到安全吸球時才豁然開朗，有「啊！原來如此，所以才叫『安全』嘛」的體悟。但安全吸球也是有缺點的，一下吸進太多溶液就出不去了。如果是水，讓它乾了就好，不用擔心溶液到處亂流。

燒杯君備忘錄

▼**球型刻度滴管君生於東京。**

量筒君

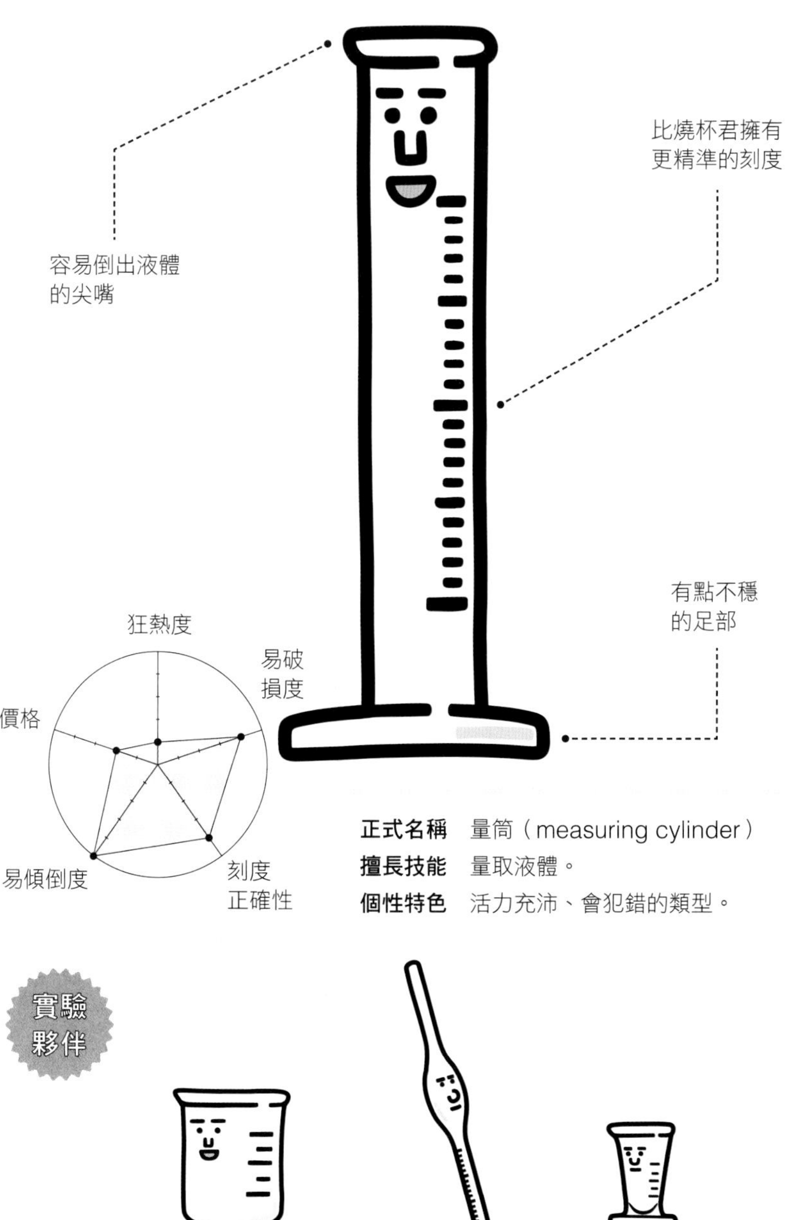

正式名稱 量筒（measuring cylinder）
擅長技能 量取液體。
個性特色 活力充沛、會犯錯的類型。

實驗夥伴

燒杯君　球型刻度滴管君　量杯君

量杯君

正式名稱 量杯（measuring glass）

擅長技能 量取少量的液體。

個性特色 就像量筒君的弟弟。

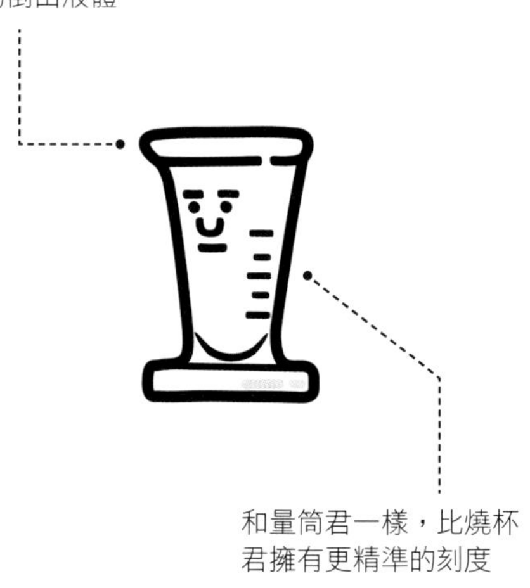

容量瓶小妹

正式名稱 容量瓶；定量瓶（volumetric flask）

擅長技能 調整溶液的濃度。

個性特色 喜歡可愛事物的女孩。

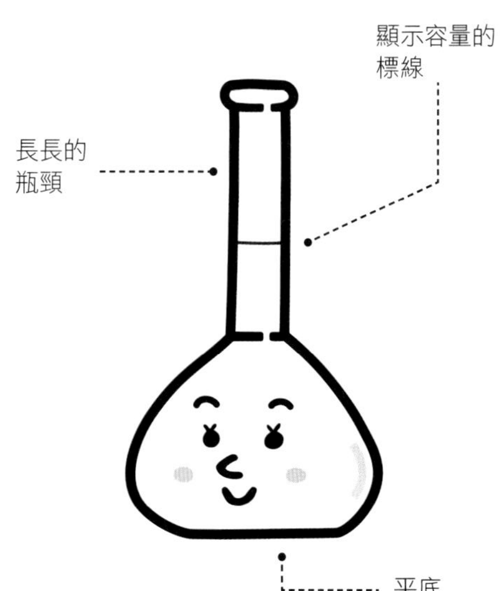

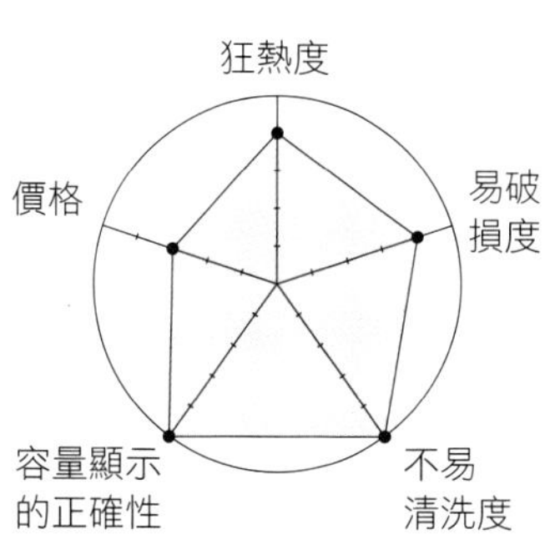

安全吸球君

正式名稱 安全吸球（safety pipette filler）

擅長技能 吸取並排出液體。

個性特色 總是樂觀，失敗也不在意的類型。

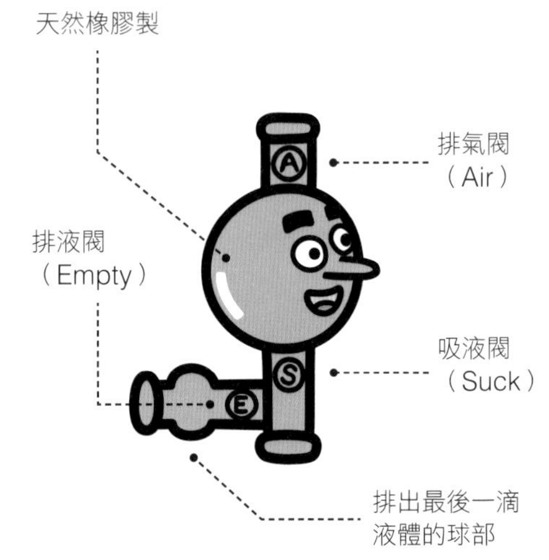

球型刻度滴管的橡膠帽君

正式名稱 滴管用橡膠帽（pipette cap）

擅長技能 輔助球型刻度滴管君吸取液體。

個性特色 崇拜著安全吸球君。

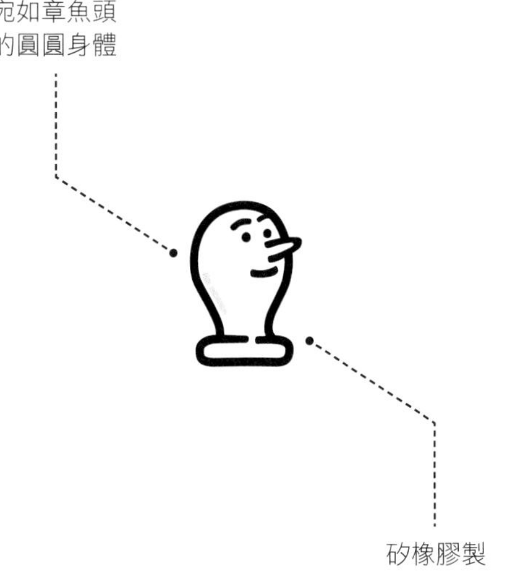

燒杯君備忘錄

▼球型刻度滴管的橡膠帽君即使被踩也不會受傷。

吸量管君

精準度高的刻度

正式名稱 吸量管（measuring pipette）

擅長技能 量取液體。

個性特色 臉部雖小，但聲音大、充滿元氣的類型。

移液吸管君

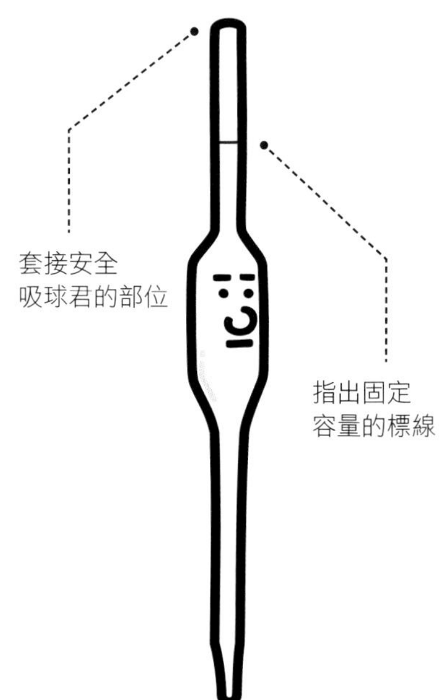

正式名稱 移液吸管（transfer pipette）

擅長技能 吸取固定容量的液體。

個性特色 搭檔是安全吸球君。

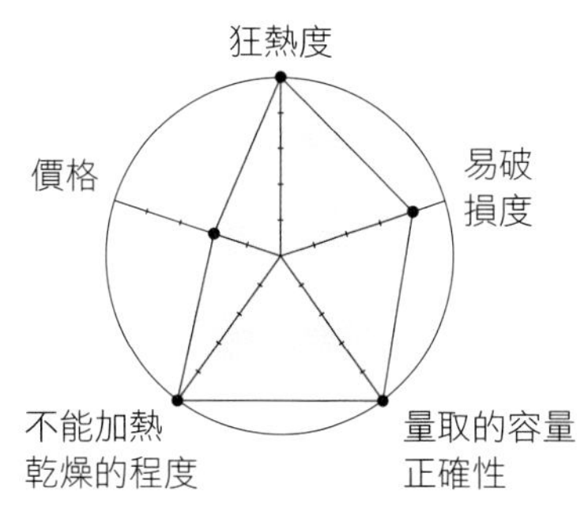

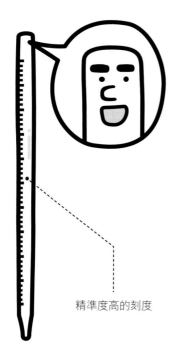

滴定管君

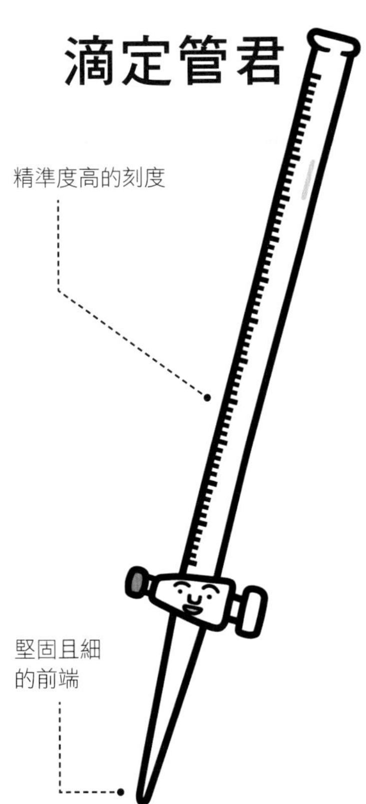

正式名稱 滴定管（burette）

擅長技能 滴下必要量的液體。

個性特色 搭檔是錐形燒杯君。

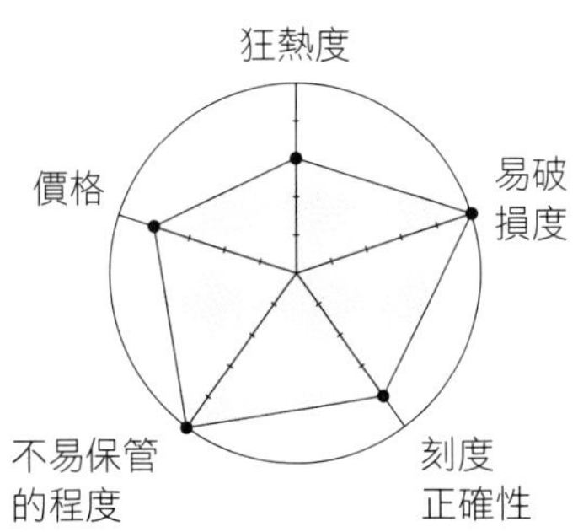

球型刻度滴管君

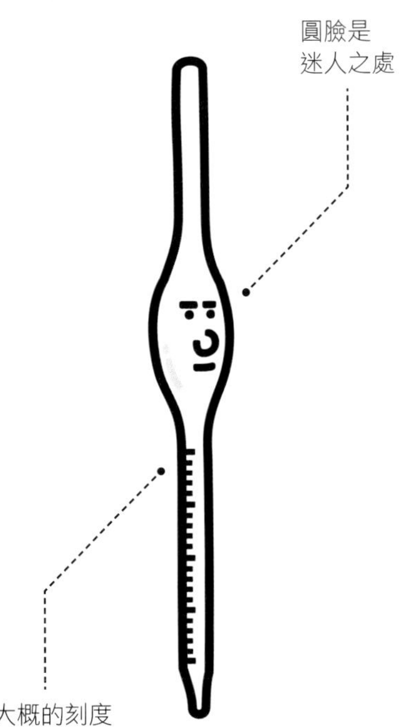

正式名稱 球型刻度滴管（Komagome type pipette）

擅長技能 吸取大概量的液體。

個性特色 搭檔是球型刻度滴管的橡膠帽君。

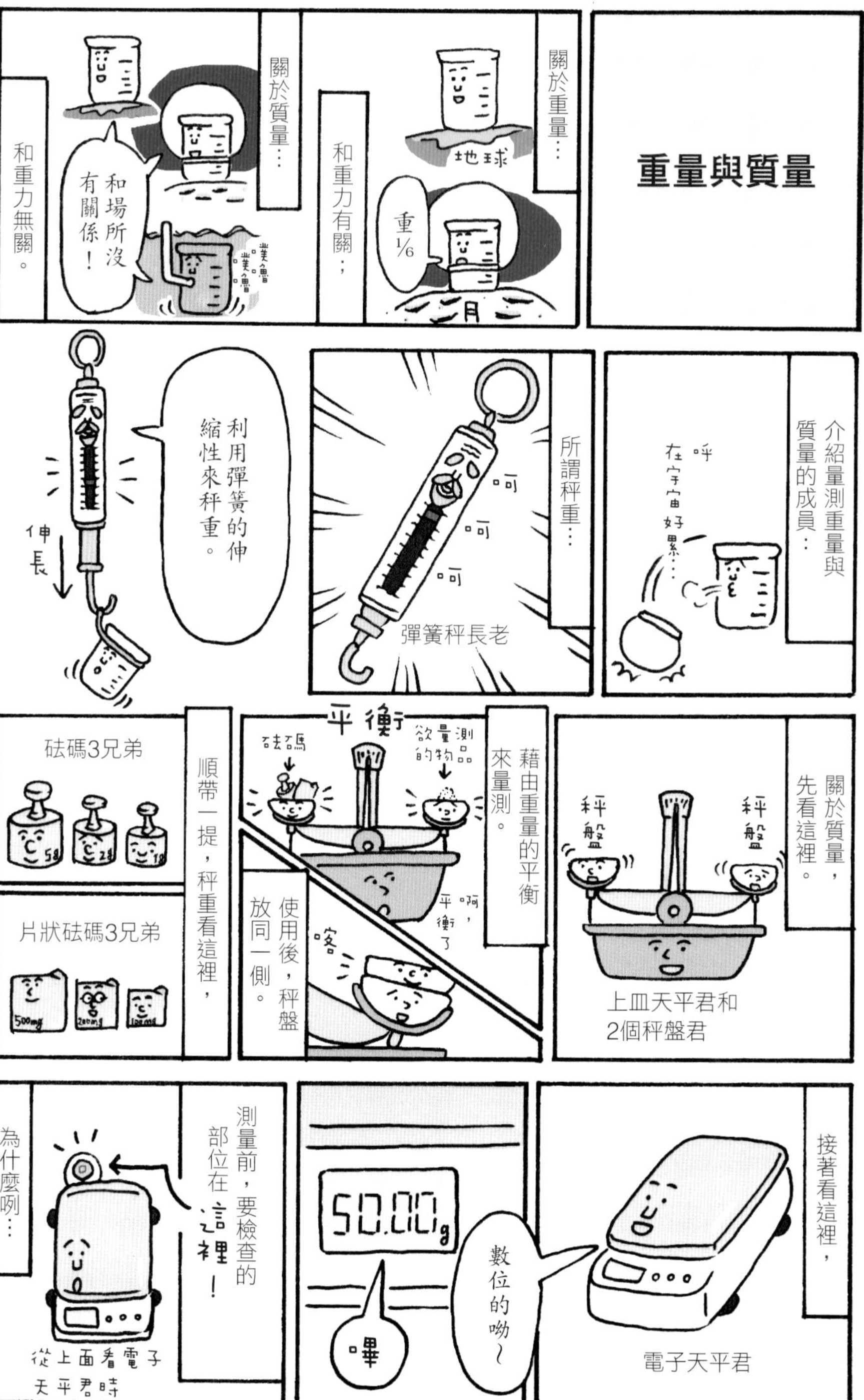
重量與質量
關於重量…
地球
重 1/6
月
和重力有關；
關於質量…
和場所沒有關係！
嘿嚕嘿嚕
和重力無關。
介紹量測重量與質量的成員：
呼 在宇宙好累……
所謂秤重…
呵 呵 呵
彈簧秤長老
利用彈簧的伸縮性來秤重。
伸長
關於質量，先看這裡。
秤盤
秤盤
上皿天平君和2個秤盤君
藉由重量的平衡來量測。
平衡
砝碼
欲量測的物品
啊，平衡了
使用後，秤盤放同一側。
喀
順帶一提，秤重看這裡，
砝碼3兄弟
5g 2g 1g
片狀砝碼3兄弟
500mg 200mg 100mg
接著看這裡，
電子天平君
數位的呦～
50.00g
嗶
測量前，要檢查的部位在這裡！
為什麼咧…
從上面看電子天平君時

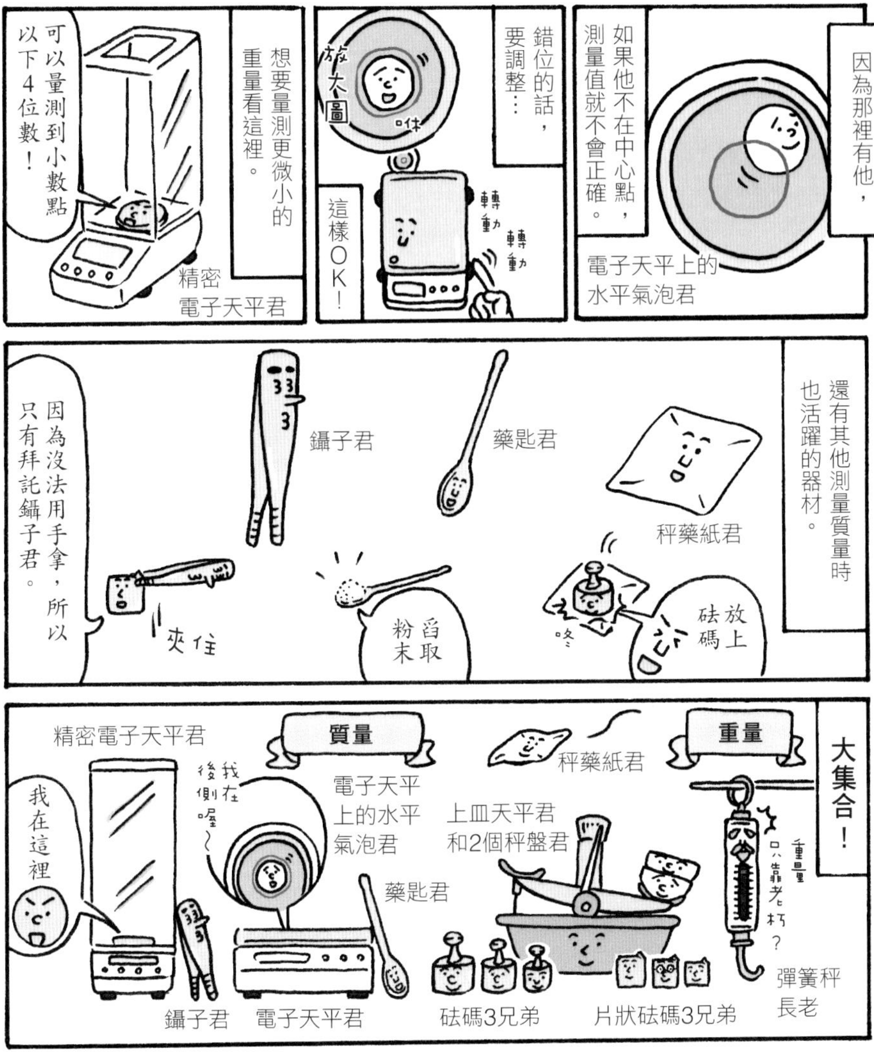

因為那裡有他，

電子天平上的水平氣泡君

如果他不在中心點，測量值就不會正確。

錯位的話，要調整……

放大圖

咻

轉動 轉動

這樣OK！

想要量測更微小的重量看這裡。

可以量測到小數點以下4位數！

精密電子天平君

還有其他測量質量時也活躍的器材。

秤藥紙君

放上砝碼

咚

藥匙君

舀粉末

鑷子君

因為沒法用手拿，所以只有拜託鑷子君。

夾住

大集合！

重量

質量

彈簧秤長老

重量只靠老朽？

秤藥紙君

上皿天平君和2個秤盤君

片狀砝碼3兄弟

砝碼3兄弟

電子天平上的水平氣泡君

藥匙君

電子天平君

精密電子天平君

我在後側喔～

我在這裡

鑷子君

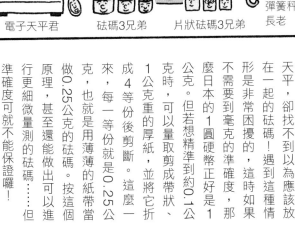

隔一陣子才需要使用上皿天平，卻找不到以為應該放在一起的砝碼！遇到這種情形是非常困擾的，這時如果不需要到毫克的準確度，那麼日本的1圓硬幣正好是1公克。但若想精準到約0.1公克時，可以量取剪成帶狀、1公克重的厚紙，並將它折成4等份後剪斷。這麼一來，每一等份就是0.25公克，也就是用薄薄的紙帶當做0.25公克的砝碼。按這個原理，甚至還能做出可以進行更細微量測的砝碼……但準確度可就不能保證囉！

燒杯君備忘錄

▼水平氣泡君如果不在中心點，測定值就會不正確。

上皿天平君和2個秤盤君

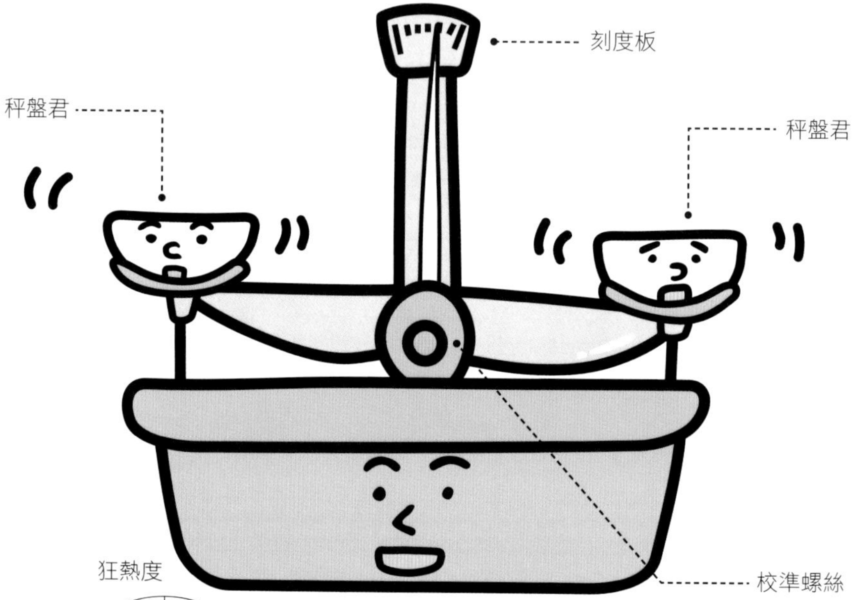

刻度板

秤盤君

秤盤君

校準螺絲

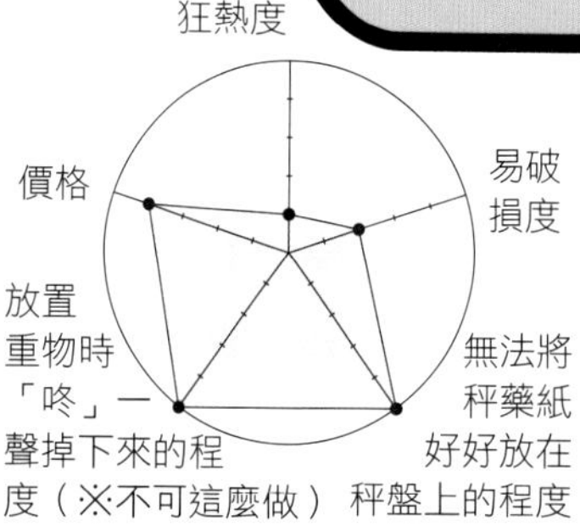

狂熱度

價格

易破損度

放置重物時「咚」一聲掉下來的程度（※不可這麼做）

無法將秤藥紙好好放在秤盤上的程度

正式名稱　上皿天平（even balance）

擅長技能　藉左右平衡來量測質量。

個性特色　上皿天平君習慣黑白分明。

砝碼3兄弟

片狀砝碼3兄弟

砝碼3兄弟

正式名稱 圓筒型砝碼（cylindrical weight）

擅長技能 量測質量時，當重物使用。

個性特色 感情好的三兄弟。

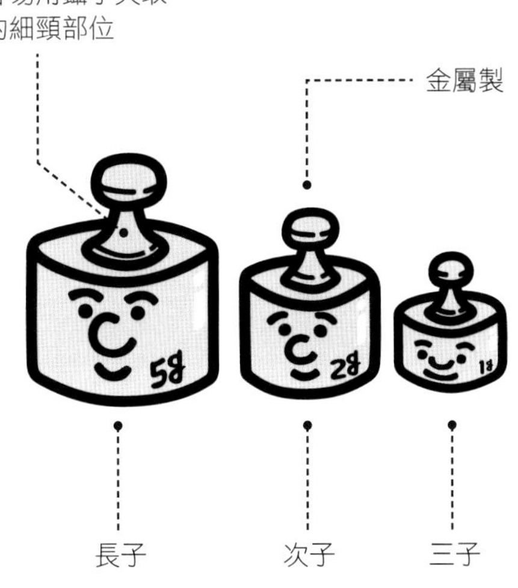

片狀砝碼3兄弟

正式名稱 片狀砝碼（plate weight）

擅長技能 量測質量時，當重物使用。

個性特色 和砝碼3兄弟是親戚。

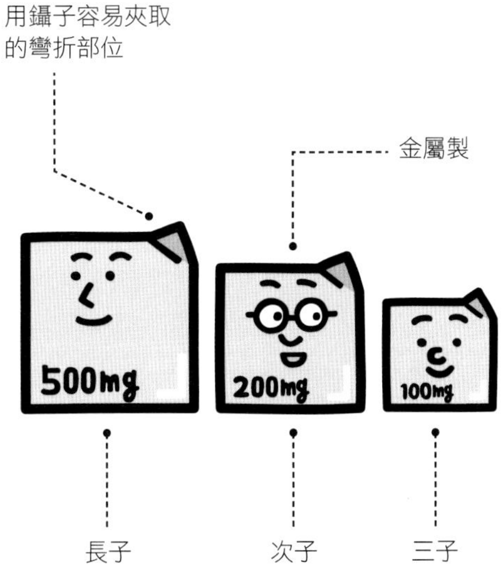

電子天平君

正式名稱　電子天平（electronic force balance）

擅長技能　量測質量。

個性特色　水平氣泡君經常處於忙碌狀態。

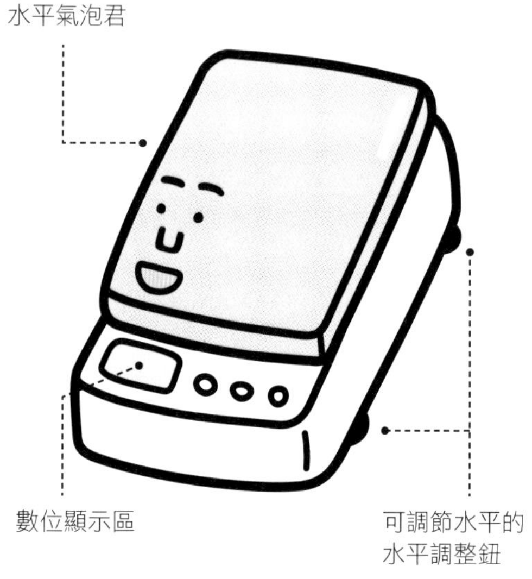

精密電子天平君

正式名稱　精密電子天平（precision electronic force balance）

擅長技能　量測更細微的質量。

個性特色　注意小細節，發現是自己的缺失會馬上承認。

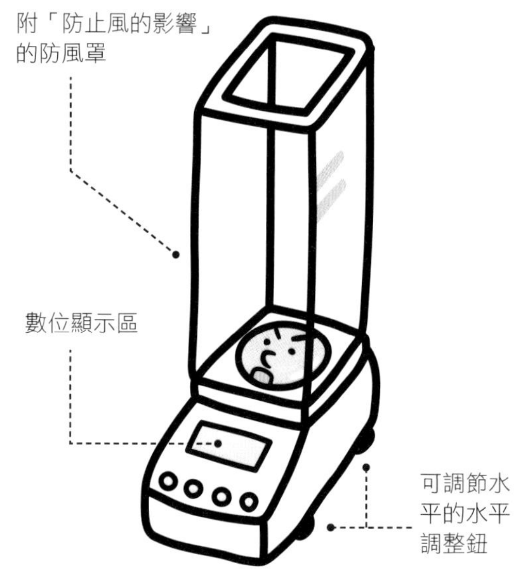

電子天平上的 水平氣泡君

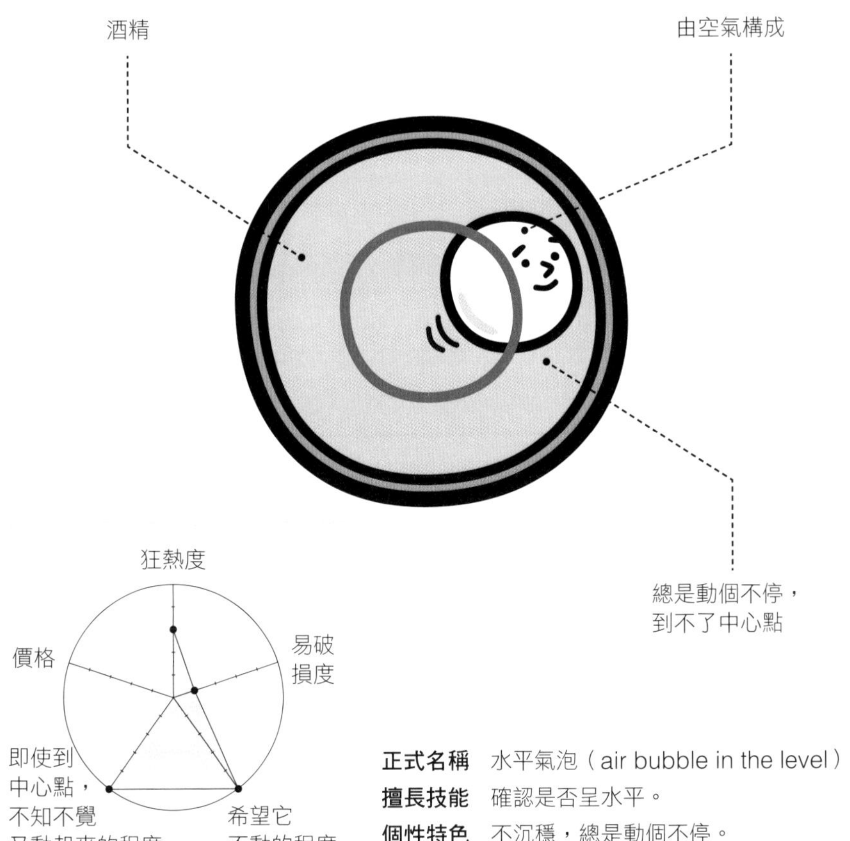

正式名稱　水平氣泡（air bubble in the level）

擅長技能　確認是否呈水平。

個性特色　不沉穩，總是動個不停。

上皿天平和電子天平的校正用砝碼以及上面的圓形手把，姿態都很性感。如果想用手指去拿取，「絕～對不行！」會馬上傳來實驗室學長如雷貫耳的喝斥聲。

手上的油脂除了會改變砝碼的重量外，砝碼也會因為手上的油脂或水分而生鏽，重量也會因此改變。所以砝碼的盒子裡都附有專用的鑷子，拿取砝碼時要使用鑷子（雖然非常容易弄丟它……汗）。而且這把鑷子不可以用在其他用途，因為鑷子一旦髒了，砝碼也會被汙染。

另外，1公克以下的砝碼是呈四角形的片狀，只有邊緣一處會往上彎折，以方便鑷子夾取。

彈簧秤長老

正式名稱 彈簧秤（spring balance）

擅長技能 利用彈簧的伸縮性來量測重量。

個性特色 口癖是「呵呵呵」。

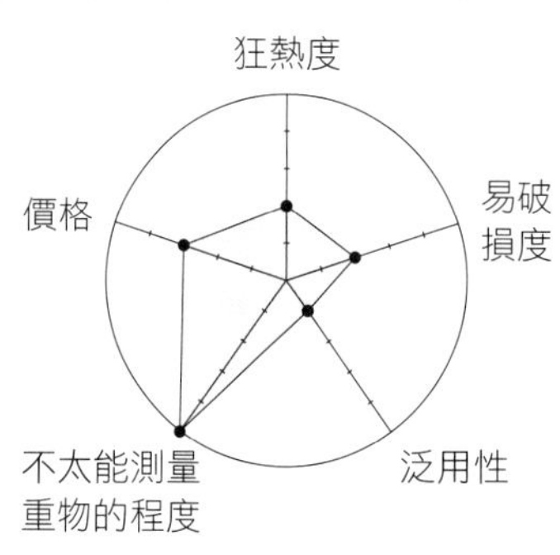

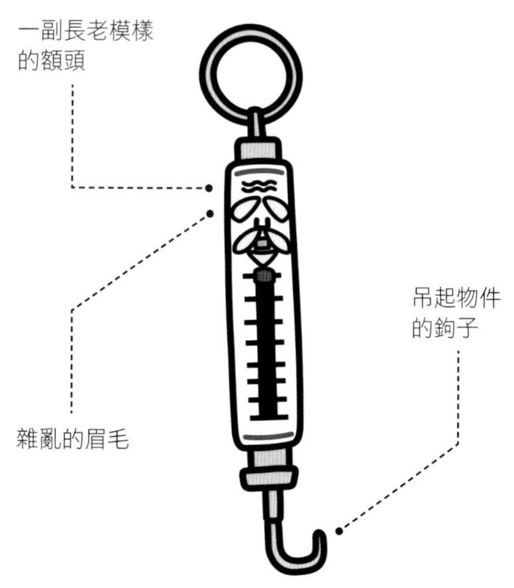

鑷子君

正式名稱 鑷子（tweezers）

擅長技能 夾住細小物件。

個性特色 雖然寡言，卻是說到做到的類型。

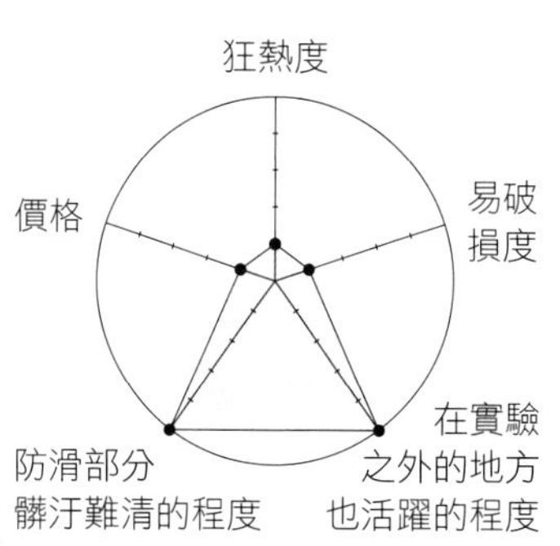

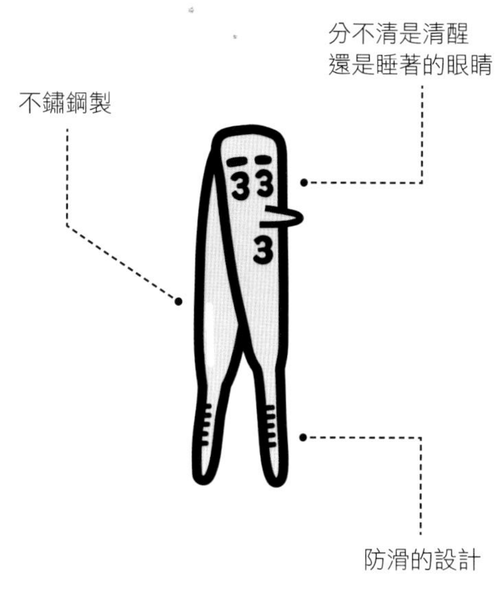

藥匙君

正式名稱 藥匙（dispensing spoon）

擅長技能 舀取粉末等。

個性特色 遇到困難也不放棄的堅毅個性。

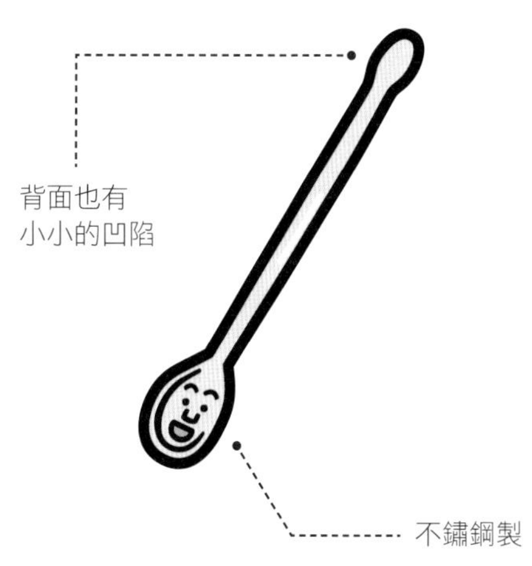

秤藥紙君

正式名稱 秤藥紙（powder paper）

擅長技能 盛起並包住粉末等。

個性特色 各種物品放在臉上也沒關係，可能有M屬性。

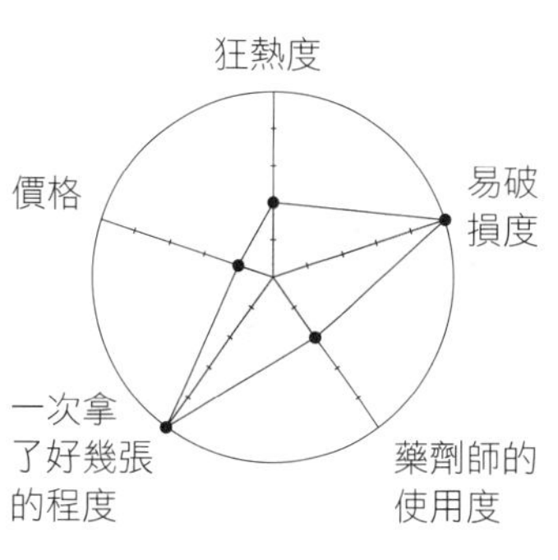

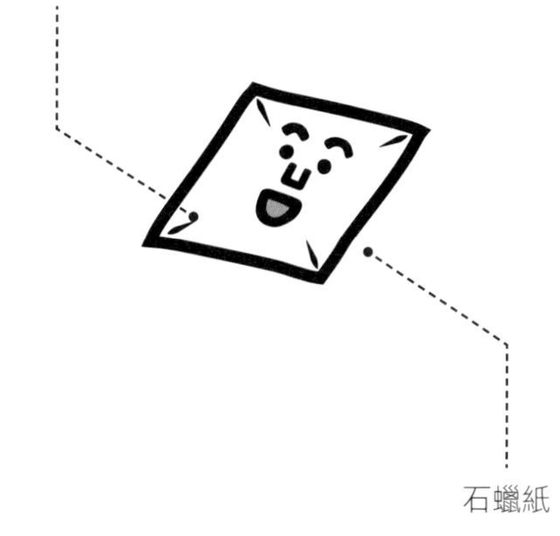

秤量作業的潛在陷阱
實驗室
準備OK!
秤量開始
麻煩秤0.2公克。
試劑
唰—
開門!
秤藥紙君,請進!
OK!
咻
藥匙君,請!
要上囉!
嘿咻!
插入
嘶—
沙沙
砰—
嗶嗶嗶嗶
0.1570g
嗶
還差一點。
加油!
插入
嘶—
磅—
!!
!!
沙沙

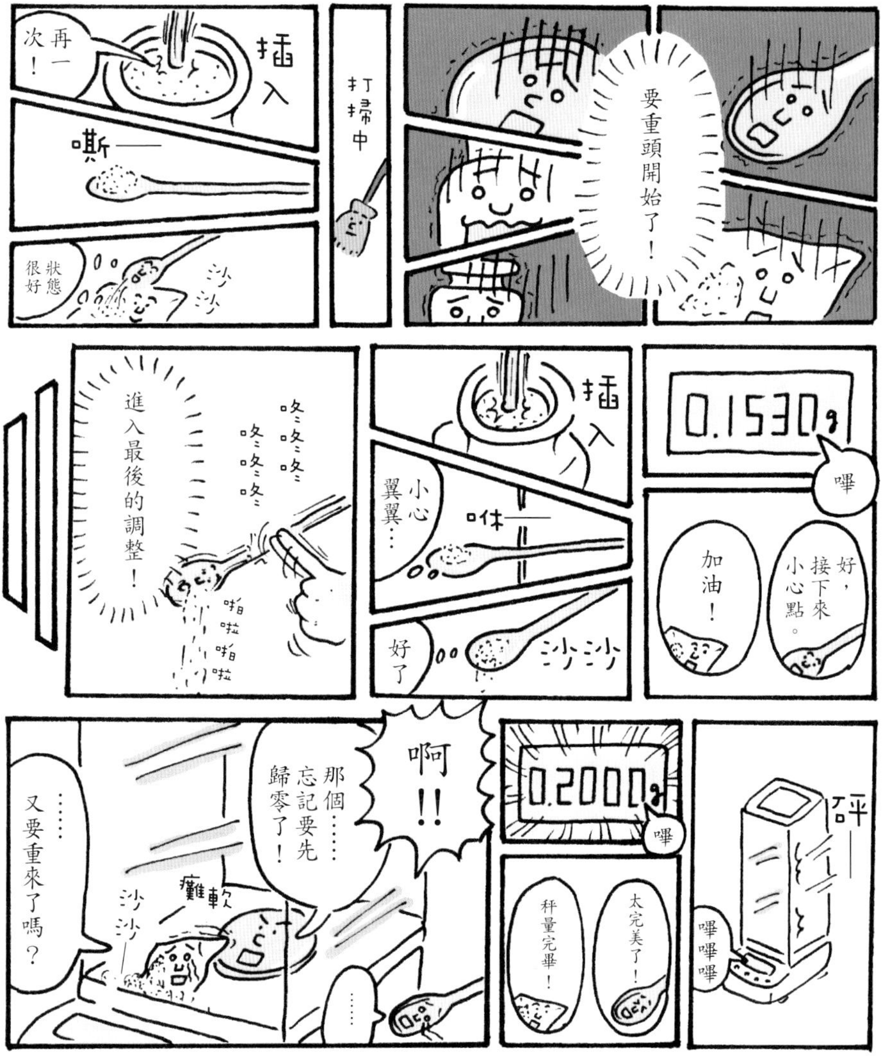

要重頭開始了！

打掃中

再一次！

插入

嘶——

狀態很好

沙沙

0.1530g

嗶

好，接下來小心點。

加油！

插入

小心翼翼⋯

咻——

好了

沙沙

進入最後的調整！

咚咚咚

咚咚咚

啪啦啪啦

砰——

嗶嗶嗶

0.2000g

嗶

太完美了！

秤量完畢！

啊!!

那個⋯⋯忘記要先歸零了！

⋯⋯

⋯⋯又要重來了嗎？

癱軟

沙沙

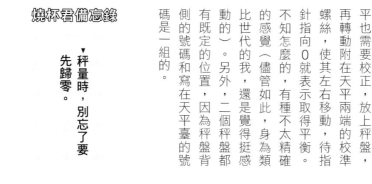

電子天平雖然方便，可是為了實驗室的氣氛愉快，還是使用上皿天平吧（原因沒人説起）。事實上，上皿天平也需要校正，放上秤盤，再轉動附在天平兩端的校準螺絲，使其左右移動，待指針指向0就表示取得平衡。不知怎麼的，有種不太精確的感覺（儘管如此，身為類比世代的我，還是覺得挺感動的）。另外，二個秤盤都有既定的位置，因為秤盤背側的號碼和寫在天平臺的號碼是一組的。

燒杯君備忘錄

▼**秤量時，別忘了要先歸零。**

COLUMN
04

科學實驗的偉大人物

接著介紹幾位早期使用燒杯君這些實驗器材，並且在史上留名的偉大科學家。

○伽利略

（Galileo Galilei：1564～1642）

提到科學實驗，人們一定會想到被稱為「科學之父」的這位人物。伽利略最有名的是「比薩斜塔的實驗」。據說他從傾斜的高塔丟下重球和輕球，因此提出自由落體定律，並發現墜落物體的速度和重量無關，而且必定加速的道理。事實上，伽利略是在傾斜的軌道上滾動圓珠的實驗中，將這條定律推導出來的。也有人說斜塔實驗可能是他的學生做的。算了，這種事不難理解。

○牛頓

（Sir Isaac Newton：1642～1727）

和伽利略同樣享有盛名的是發現「萬有引力定律」的牛頓。直到近代，牛頓仍是推動科學界持續描繪力學整體樣貌的厲害人物。雖然他做過的實驗並不有名，但他其實利用稜鏡做出光的「色散實驗」，以及用一支小匙插進眼眶和眼球之間，直到小匙再也無法插進去的眼睛功能研究（好痛啊！）等各式各樣的實驗。只是，他和偉大的實驗家虎克（Robert Hooke）同時活躍於英國皇家科學院，因此給人強烈的理論派印象。

○拉瓦節

（Antoine Laurent Lavoisier：1743～1794）

是化學實驗的大家，也被稱為「近代化學之父」。拉瓦節最有名的實驗是利用光來燃燒密封玻璃容器中的物質，以調查質量的變化，並且發現「質量守恆定律」。在法國革命期間，曾擔任稅務官的拉瓦節被人視為「市民的敵人」，而遭到處死，命喪斷頭臺。他的功績能被後世傳頌，要歸功於擔任實驗助理的妻子瑪麗安留下清楚的紀錄。這是賢內助的功勞啊！

○培根

（Roger Bacon：1214～1294）

在17世紀科學革命時期蓬勃發展的近代科學的400年前，培根就已經在進行以實驗觀察為基礎的科學研究，並且還獲得了「萬能博士」

（Doctor Mirabilis）這個強大的稱號，堪稱近代科學的先驅者。培根原本抱持消極的態度，不願意發表自己的新見解，後來因教皇勸說，請他「忽視宗教上的禁令去寫吧！」這才完成偉大的著作。可是自教皇崩殂後，培根就突然被定罪並身陷囹圄長達10年。

○焦耳

（James Prescott Joule：1818～1889）

焦耳是普通的實驗家，卻因為非常喜歡實驗而留名科學史，是發現「焦耳定律」的人物。他雖然曾在學會中發表在自宅實驗室進行的研究結果，可是起初因為默默無名而被忽略。後來，焦耳的實力得到湯姆森（William Thomson，即克耳文勛爵）的認可並開始合作實驗，兩人的搭檔為近代熱力學的拓展，建立了不朽的功績。焦耳在水中旋轉扇葉，藉以精密的測量水溫上升的「熱功當量」也相當有名。

○米勒

（Stanley Lloyd Miller：1930～2007）

尤里

（Harold Clayton Urey：1893～1981)

米勒是芝加哥大學的研究生，在尤里的實驗室進行的「米勒－尤里實驗」，是生物學史上偉大的實驗。他將氮、氧化合物和水，加入燒瓶型的容器後通電，產生火花的地方出現了胺基酸（生物的基本成分），即無機物如何形成有機物的證明。原始地球的海洋和閃電也具備相同的效果，生命也許就是如此誕生的……這就是「米勒－尤里實驗」所提出的化學演化的假說。

○巴佛洛夫

（Ivan Petrovich Pavlov：1849～1936）

提到條件反射，人們都會不加思索的回答「巴佛洛夫的狗」。因為巴佛洛夫做了一個超有名的實驗，情況大致是：「每次餵狗吃飼料時就搖鈴，之後只要聽到搖鈴聲，狗兒就會流口水」。其他諸如神經活動或腦研究方面，巴佛洛夫也獲得重大的成果，並獲得「世界生理學會的王子」的稱譽。巴佛洛夫實驗使用的狗兒照片，如今也清楚的流傳下來，看來他肯定喜歡狗。

○拉塞福

（Ernest Rutherford：1871～1937）

與大實驗物理學家法拉第（Michael Faraday）齊名的拉塞福，也被人稱為「原子物理學之父」。拉塞福有名的是，利用α粒子撞擊極薄的金箔所進行的「蓋革－馬士登實驗」。實驗之所以不以拉塞福為名，是因為做實驗的人其實是他的兩個學生。話雖如此，拉塞福偉大的地方是根據這個結果，進一步推論出全新的原子構造（至今通用）。當時α粒子的飛散方式，如今也稱「拉塞福散射」。

各種數值

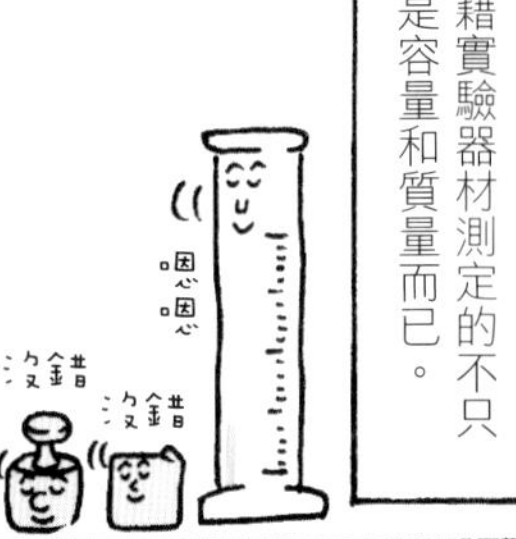
藉實驗器材測定的不只是容量和質量而已。
嗯嗯
沒錯
沒錯

先看這個，
藍色石蕊試紙君和紅色石蕊試紙君

我們可以檢驗液體的酸鹼性，
實驗看看吧

鹼性
變色！
……
肥皂水、脫模劑

中性
……
……
牛奶、自來水等

酸性
變色……
……
呼～
胃液、檸檬水等

因為無法得知更詳細的數值，所以我們只適用於簡易的實驗。
沒錯

想要調查更詳細的液體性質時，請看這裡。
pH廣用試紙君和他的盒子君

pH是顯示氫離子濃度的值……
拉啊拉
pH低表示酸性，pH高表示鹼性。

跳入
拉長
GO!!
好了
呼
呼
變成什麼顏色？
臉有沾濕嗎？
橘色
pH2左右
哇，是酸性！

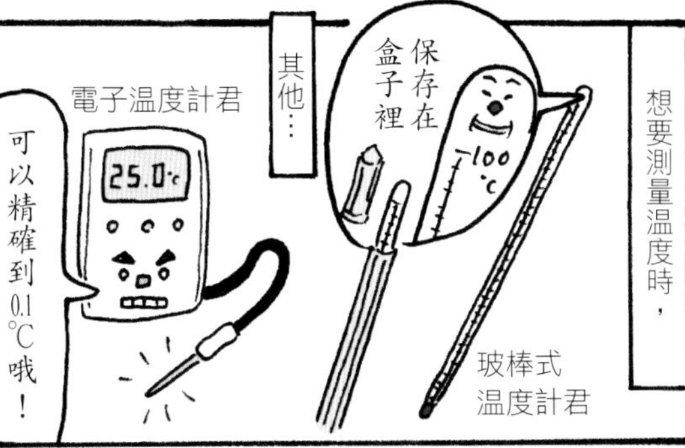
想要測量溫度時，
保存在盒子裡
玻棒式溫度計君
其他……
電子溫度計君
25.0℃
可以精確到0.1℃哦！

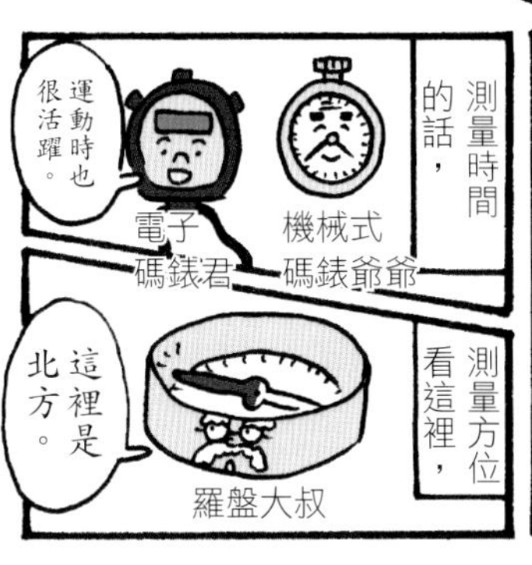
測量時間的話，
機械式碼錶爺爺
電子碼錶君
運動時也很活躍。
測量方位看這裡，
這裡是北方。
羅盤大叔

一般認為百葉箱的使用始於19世紀中葉的英國。雖然只是收納溫度計和氣壓計的簡單箱子，因通氣性佳，並具有避免受外部溫度變化影響的百葉窗，可說是相當用心的設計。百葉箱設置在離地1.2～1.5公尺的高處，是為了確保量測精確所做的細心安排。但因自動觀測儀器的普及，日本氣象廳自1993年起就廢止了利用百葉箱的觀測方式。如今，只剩日本中小學校園角落等處，還能看到鮮少人知、暗自度過餘生的百葉箱。

燒杯君備忘錄

▼百葉箱老大內部有各式各樣的儀器。

藍色石蕊試紙君和紅色石蕊試紙君

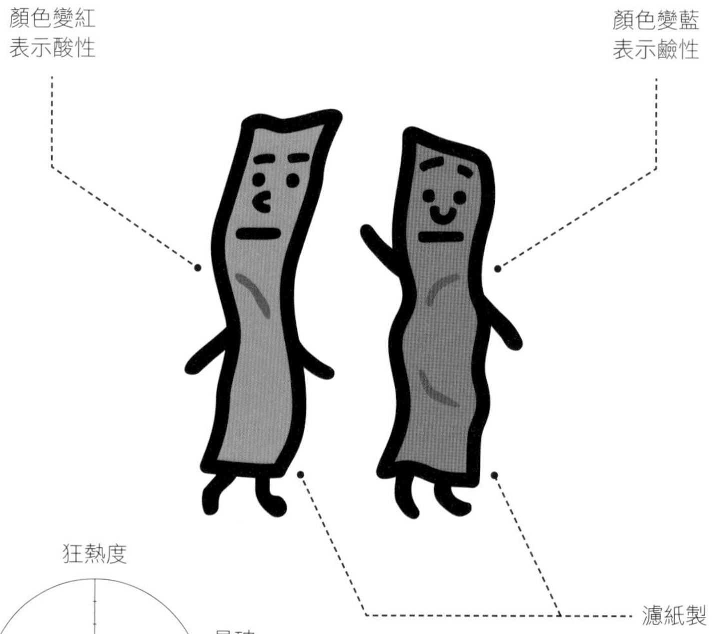

顏色變紅
表示酸性

顏色變藍
表示鹼性

濾紙製

狂熱度

易破
損度

名字的
酷炫度

調查自己
唾液的程度

價格

正式名稱　石蕊試紙（litmus paper）
擅長技能　檢驗液體的酸鹼性。
個性特色　有跳進入各種液體進行調查的癖好。

燒杯君
（盛裝各種液體）

pH廣用試紙君和
他的盒子君

pH廣用試紙君和他的盒子君

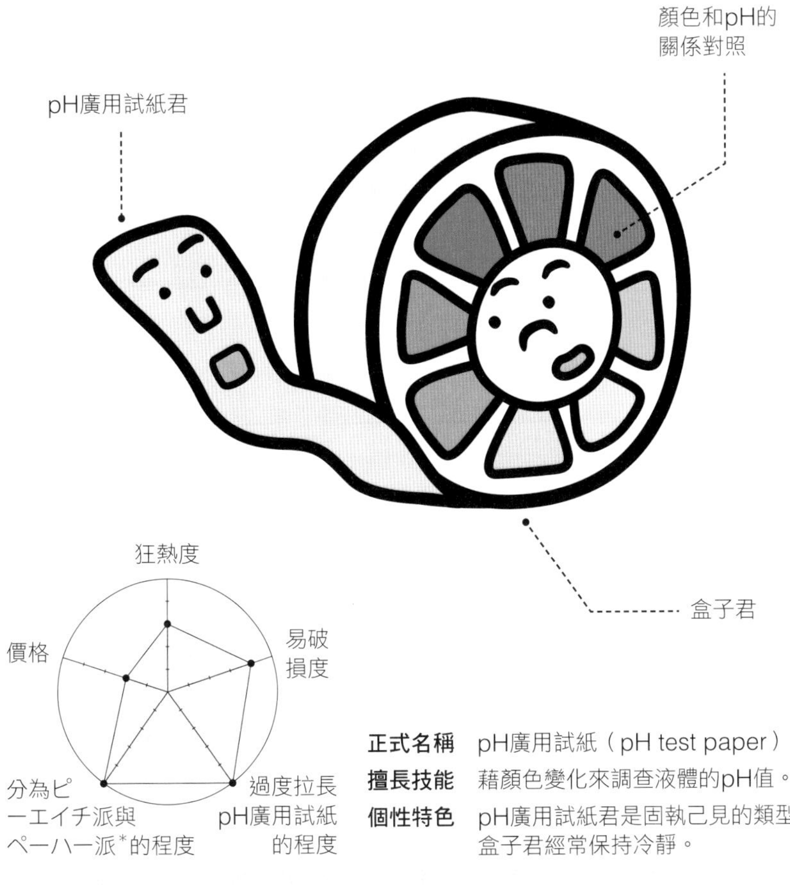

正式名稱 pH廣用試紙（pH test paper）

擅長技能 藉顏色變化來調查液體的pH值。

個性特色 pH廣用試紙君是固執己見的類型。盒子君經常保持冷靜。

*日文的pH有「ピーエイチ(pi-eichi)」和「ペーハー(pe-ha-)」二種唸法。

在小學的自然課程中，大家都使用過的酸鹼試紙代表是石蕊試紙。那個渲暈紙上的物料，一般認為是人工藥品。事實上，它是從一種叫海石蕊屬（*Roccella*）的地衣所抽取出來的色素（雖然它也是化學物質）。據說發現這種色素的人，是14世紀左右的西班牙煉金術師（成分經過精密計量的pH試紙就是人工藥品）。

可想而知，因為屬於生物成分，所以長期放著不用可能會受損，大約可以購買後三年來當做保存期限的判斷標準。如果是在高溫潮濕或陽光直射的狀態下保存，那麼pH試紙的損壞速度會更快（精密pH試紙的保存方法也是這樣）。因此，請盡早使用……（不是吃下肚哦）。

玻棒式溫度計君

正式名稱　玻棒式溫度計（etched-stem type thermometer）

擅長技能　測量溫度。

個性特色　帶關西腔。

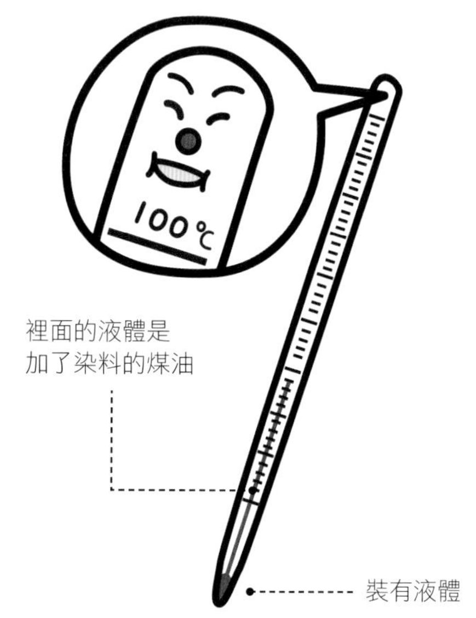

電子溫度計君

正式名稱　電子溫度計（digital thermometer）

擅長技能　量測溫度，並以數位顯示。

個性特色　長得很兇卻非常溫柔。

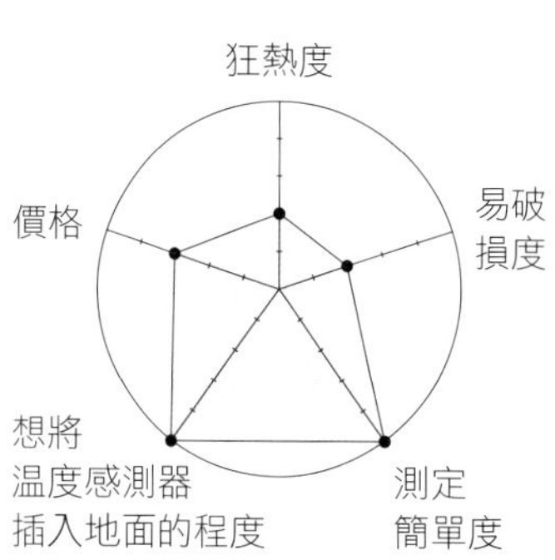

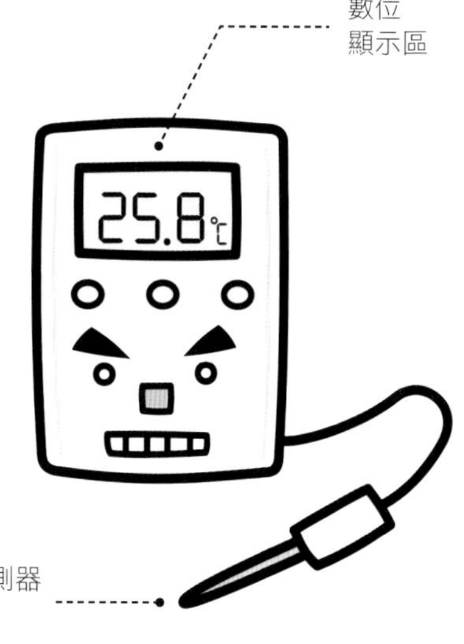

百葉箱老大

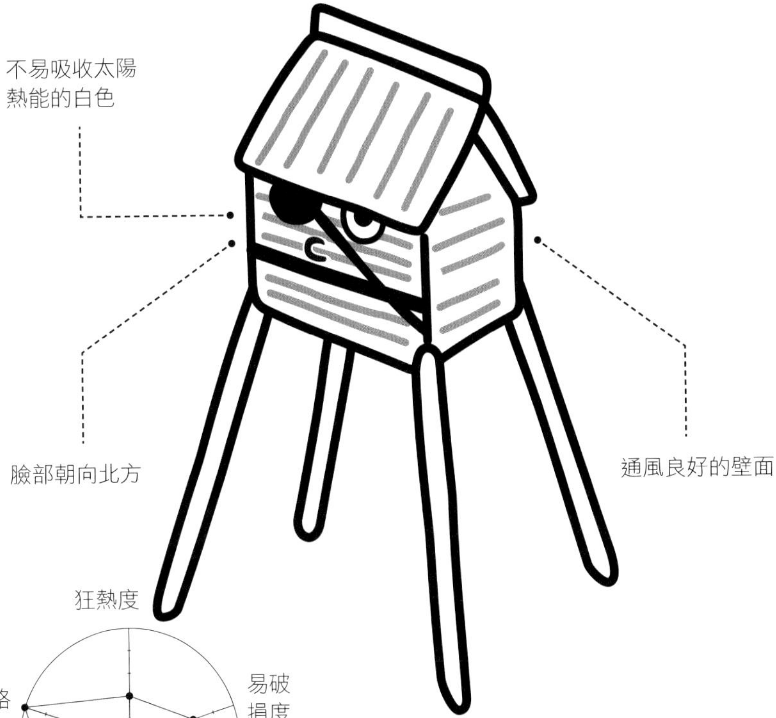

不易吸收太陽
熱能的白色

臉部朝向北方

通風良好的壁面

狂熱度

易破
損度

價格

過去
幾乎所有
小學都有設置的程度

需定期點
檢的程度

正式名稱 百葉箱（instrument screen）

擅長技能 內部放了溫度計或氣壓計等，通風良好是製作條件。

個性特色 曾經風光，近來不活躍而顯得悲傷。

乾濕度計君

分光光度計君

正式名稱 紫外-可見光分光光度計（ultraviolet-visible spectrophotometer）

擅長技能 把光照在液體上，檢測該液體的性質。

個性特色 總愛談論困難的事情。

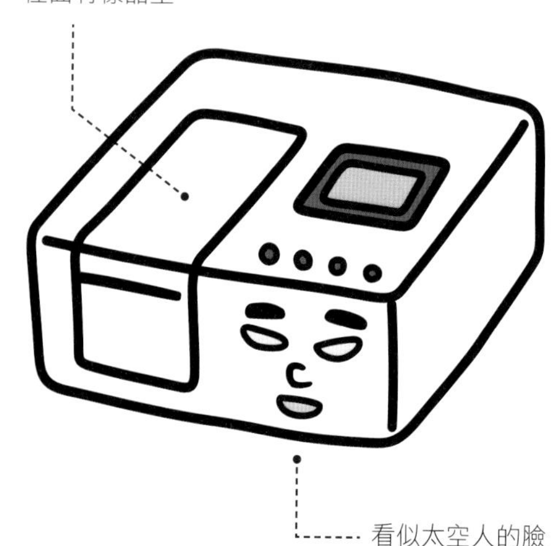

石英光析管君

正式名稱 石英光析管（quartz cell）

擅長技能 倒入液體再進入分光光度計的樣品室。

個性特色 常笑嘻嘻的，和石英玻璃燒杯君是好友。

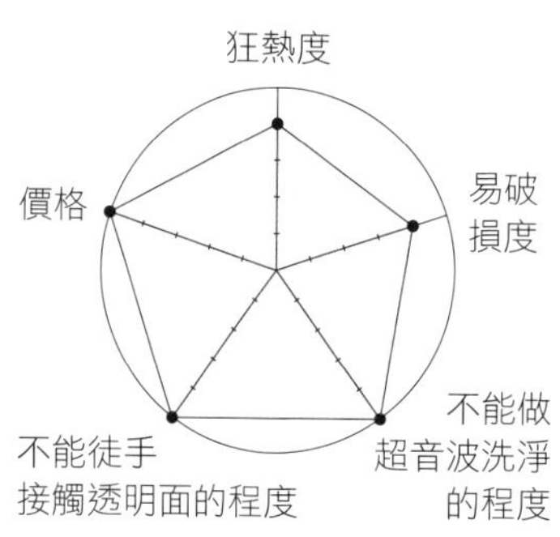

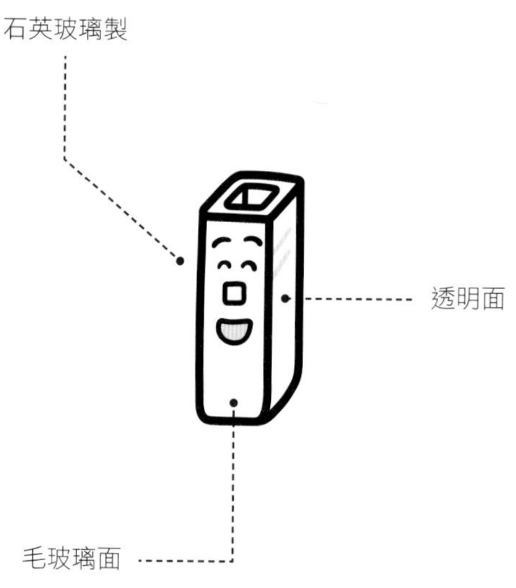

羅盤大叔

正式名稱 羅盤；指北針（compass；azimuth magnet）

擅長技能 指向北方。

個性特色 經常與人磋商。不只方位，也教導人生方向。

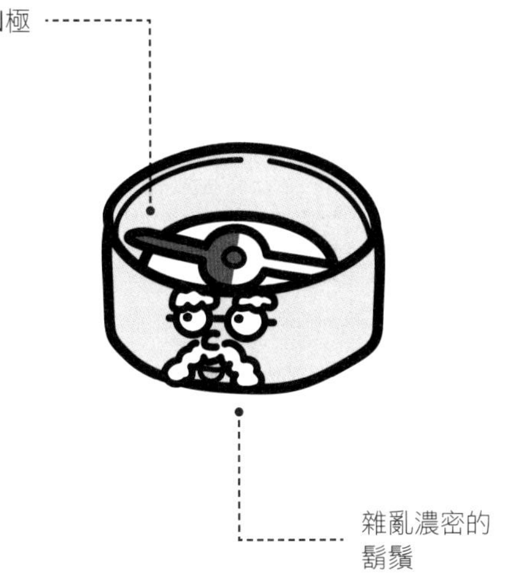

電子碼錶君和機械式碼錶爺爺

正式名稱 碼錶（stop watch）

擅長技能 測量時間。

個性特色 個性沉穩的少年與親切呵護他的爺爺。

COLUMN

05

如何測量高溫？

一般的玻棒式溫度計也叫做「酒精溫度計」，只是灌注在溫度計裡的紅色液體不是酒精而是煤油。沒錯，酒精會在大約70℃沸騰，沸點因為壓力還會稍微變高，甚至達到100℃左右，所以酒精並不適合用來測量高溫。因煤油沸騰而無法量測的200℃那樣的高溫，可用水銀溫度計測量，水銀是最早被科學家用來測量高溫的溫度計。（華倫海特（Gabriel Daniel Fahrenheit）在1714年使用水銀；瑞歐莫（René-Antoine Ferchault de Réaumur）在1730年使用酒精。）

超過水銀沸點（約357℃）的溫度，又要如何測量呢？方法之一是測量電壓，利用兩種金屬組合而成的熱電偶，來測量發生在接點上的熱電動勢（將熱能轉變成電能的方式，也就是席貝克效應）。再者，使用測溫抵抗體的方式，讓白金線接觸測量的物體，通電後再測量電阻值以計算出溫度，是一種利用金屬電阻隨溫度變化的溫度感測器。

另一個高溫量測法，是利用紅外線或可見光的強度來換算成溫度的輻射溫度計。最近，體溫計或小型溫度計也應用了這個方法。輻射溫度計的特徵是即使不接觸，也能測量遠處物體的溫度。但也有便宜的輻射溫度計，它的感測器指向不清楚，原本是要量測溶液的溫度，卻「經常」測到手的溫度。

製鐵所工人曾說過這麼一段話：「老手憑藉熔鐵的顏色，就能夠以數十℃的精度來分辨熔鐵的溫度」。

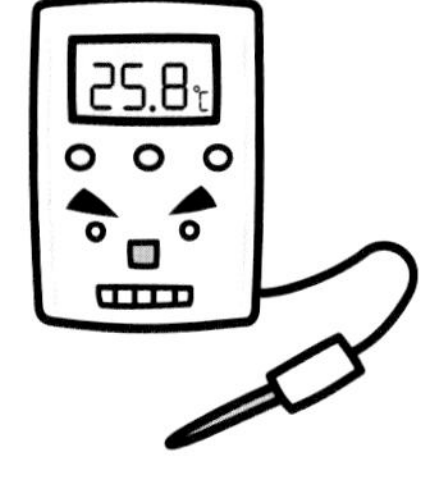

CHAPTER

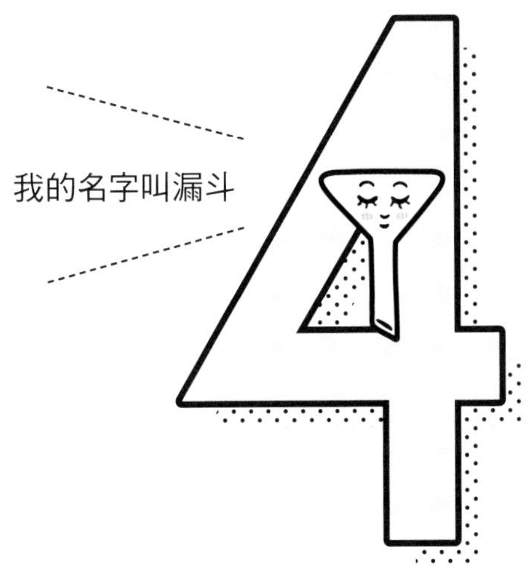

流通的夥伴和清洗的夥伴

漏斗也是形形色色

漏斗也是形形色色

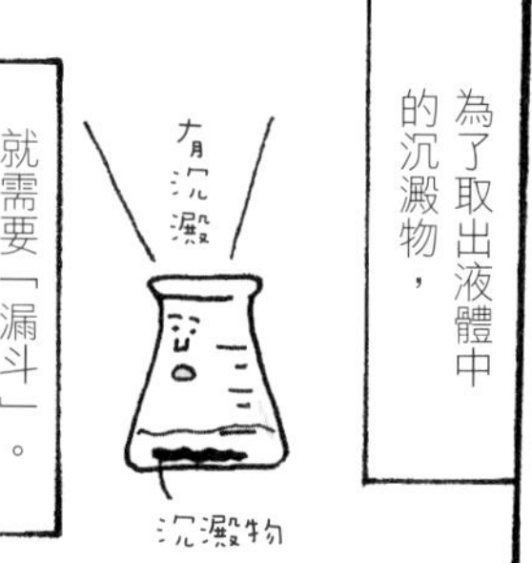
為了取出液體中的沉澱物，
有沉澱
沉澱物
就需要「漏斗」。

介紹善於過濾的成員。
這麼舀取是不行的
全部流掉了……

首先最主要是這一位：
害羞
漏斗小妹

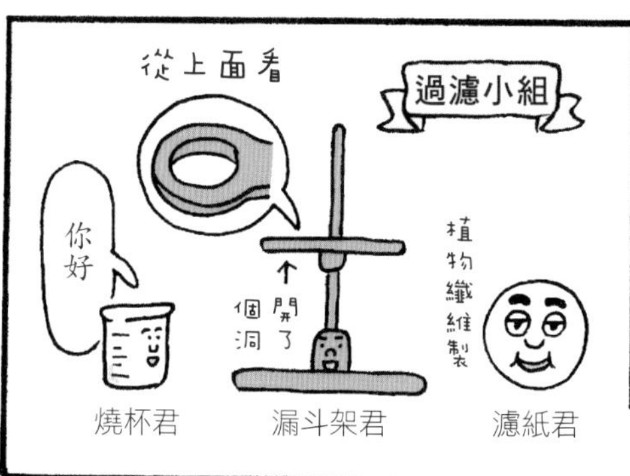
和漏斗小妹一起進行過濾的成員：
過濾小組
從上面看
植物纖維製
開了個洞
你好
濾紙君
漏斗架君
燒杯君

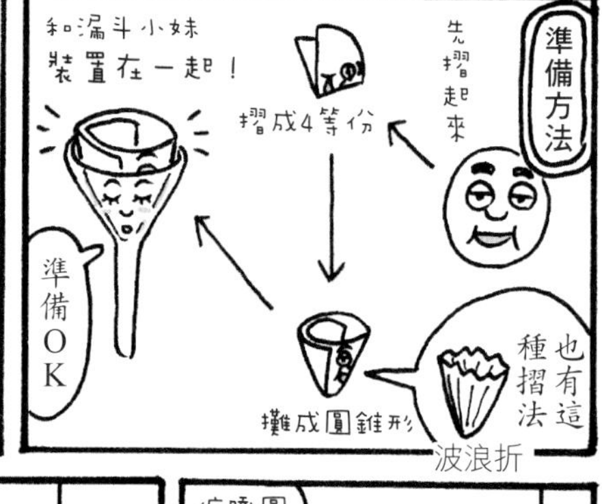
準備方法
先摺起來
摺成4等份
攤成圓錐形
也有這種摺法
波浪折
和漏斗小妹裝置在一起！
準備OK

那麼，來進行過濾吧！
含沉澱物的液體
緩緩流下
流出乾淨的液體

過濾後，只留下沉澱物。
沉澱物

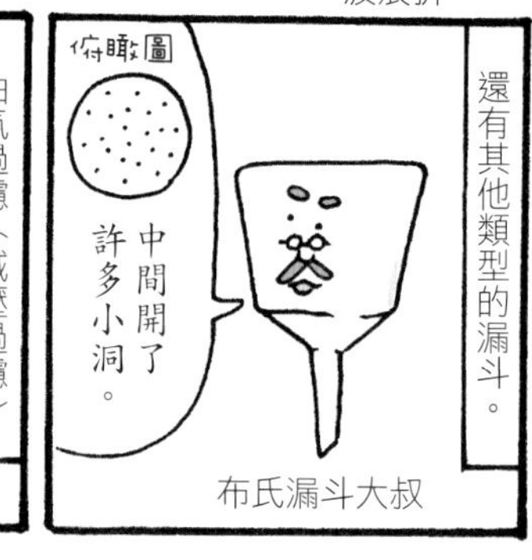
還有其他類型的漏斗。
俯瞰圖
中間開了許多小洞。
布氏漏斗大叔

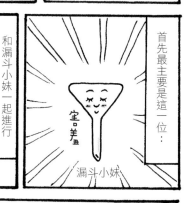

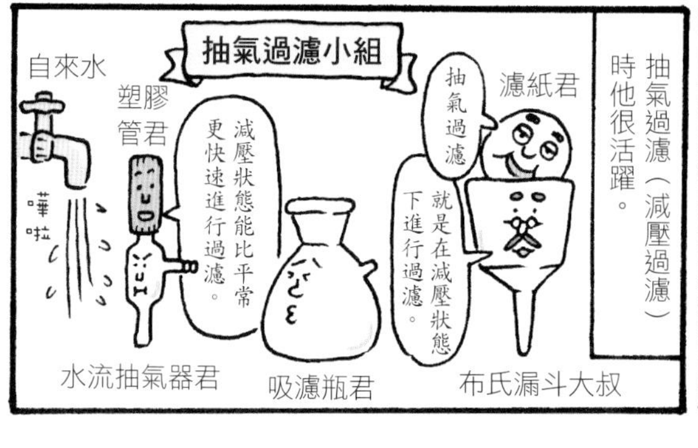
抽氣過濾（減壓過濾）時他很活躍。
抽氣過濾小組
濾紙君
抽氣過濾
就是在減壓狀態下進行過濾。
減壓狀態能比平常更快速進行過濾。
塑膠管君
自來水
嘩啦
布氏漏斗大叔
吸濾瓶君
水流抽氣器君

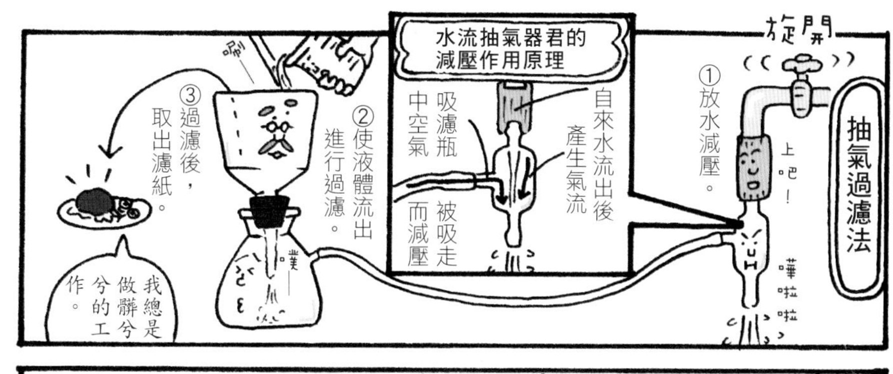

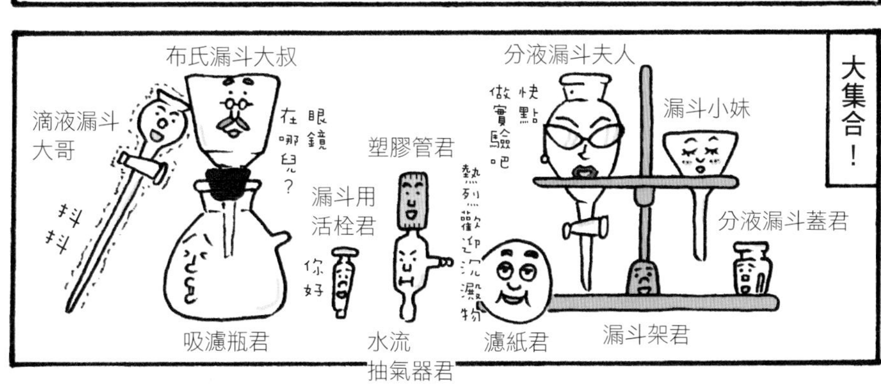

實驗能進行固然好，但濾紙用完時就慌了……雖然是常有的事（不，常發生才困擾吧）。環顧四周……看來有人使用咖啡濾紙或障子紙（和室門紙）替代，除非不需要相當的準確度，實驗時不建議這麼做。濾紙雖然看起來只是張紙，但濾孔細微並且均一，是高度技術的結晶。此外，過濾時急躁的用玻棒去攪動，而戳破濾紙，讓未過濾的液體流下來，前面的努力就成了泡影……雖然是常有的事（不，常發生才困擾吧）。

燒杯君備忘錄

▼分液漏斗蓋君有溝槽。

漏斗小妹

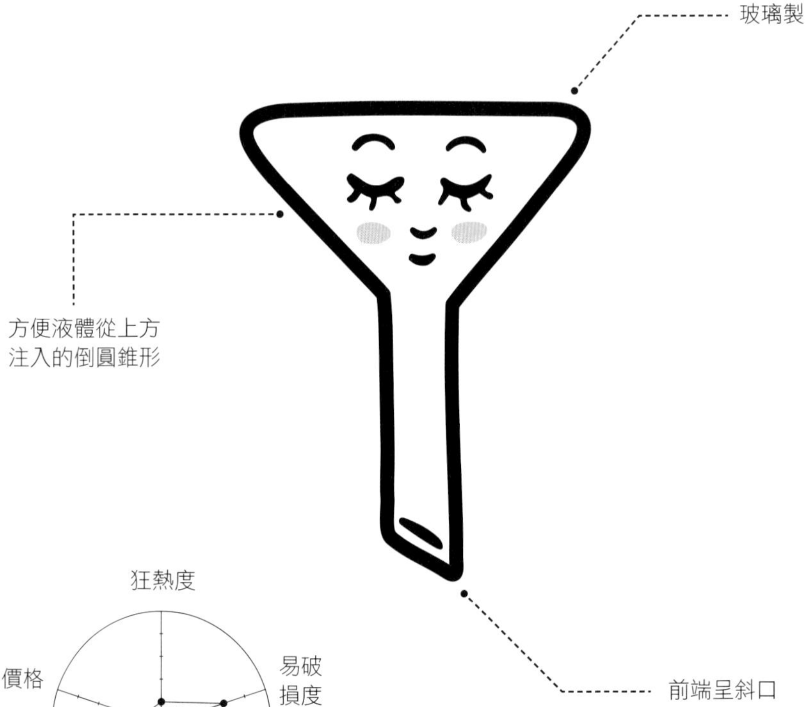

玻璃製

方便液體從上方注入的倒圓錐形

前端呈斜口

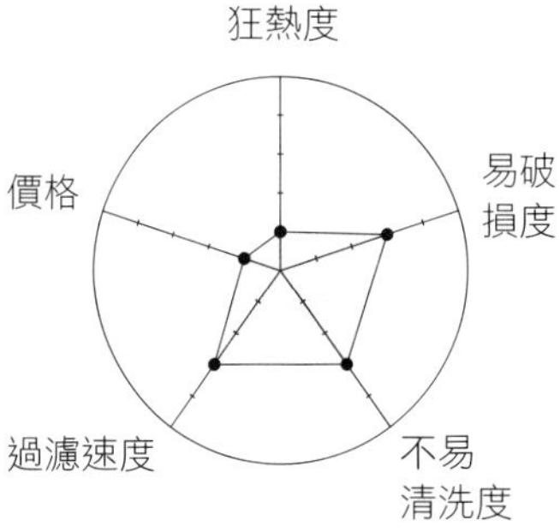

狂熱度

價格

易破損度

過濾速度

不易清洗度

正式名稱　漏斗（funnel）
擅長技能　使液體往一處集中。
個性特色　總是沉穩而優雅的佇立。

漏斗架君

濾紙君

洗瓶君

漏斗架君

正式名稱 漏斗架（funnel stand）

擅長技能 將漏斗插進孔裡加以固定。

個性特色 不太深思的類型。

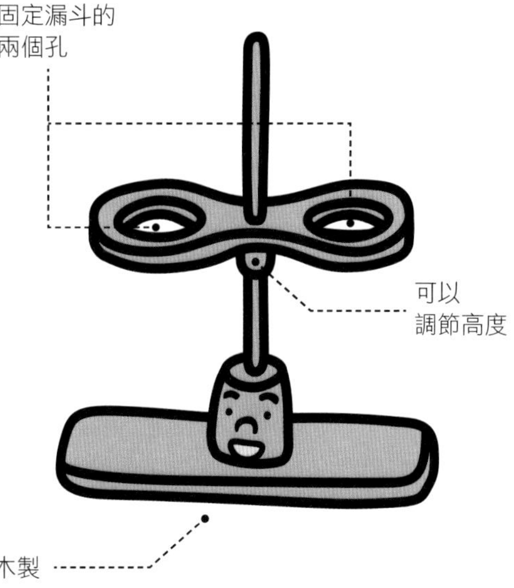

濾紙君

正式名稱 濾紙（filter paper）

擅長技能 去除液體中的雜質。

個性特色 雖然沉澱物會弄髒臉部，但對清除髒汙的工作頗為自豪。

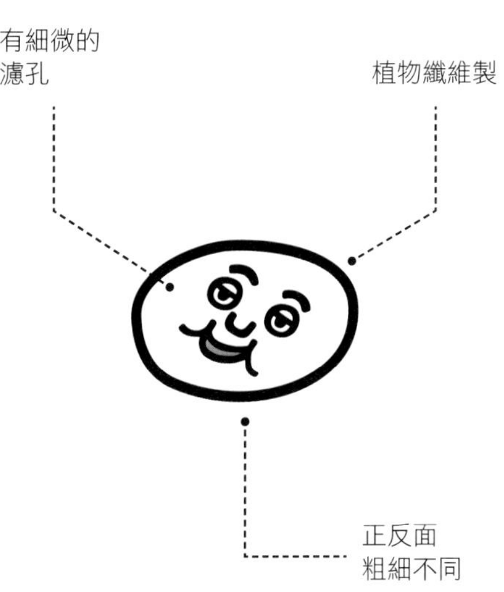

分液漏斗夫人與分液漏斗蓋君

通氣孔

活栓的位置

與分液漏斗的
通氣孔結合的溝槽

狂熱度

易破
損度

不易
清洗度

實驗中
搖晃時，
無法將蓋子裝好的程度

價格

正式名稱　分液漏斗（separating funnel）

擅長技能　分離並取出液體。

個性特色　如你所見，有「是嘛」口癖的分液漏斗夫人和總是沒有自我的蓋子君。

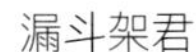
漏斗架君

漏斗用活栓君

燒杯君備忘錄

▼壓力太高，會很危險喔！

滴液漏斗大哥

正式名稱 滴液漏斗（dropping funnel）

擅長技能 一點一滴的讓液體滴下去。

個性特色 認真且努力的類型。

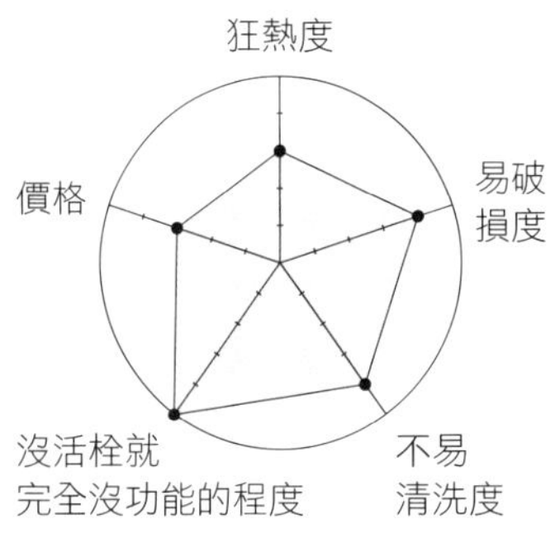

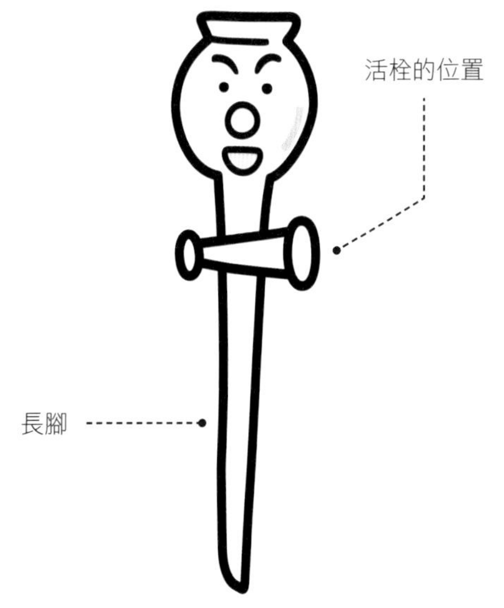

漏斗用活栓君

正式名稱 活栓（stop cock）

擅長技能 調節從滴液漏斗或分液漏斗等流出的液體量。

個性特色 有一發生事情就立刻逃跑的習慣。

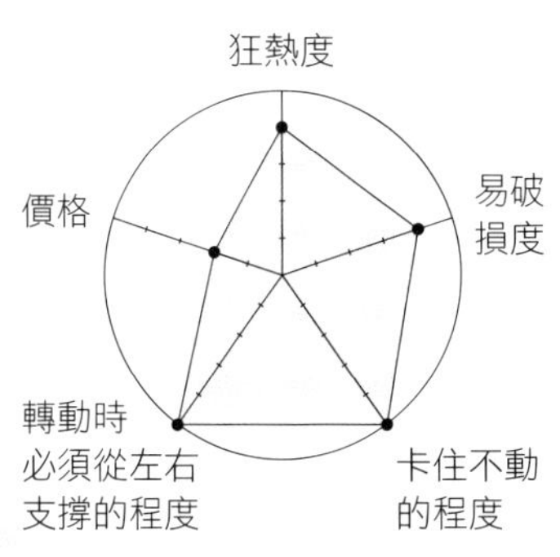

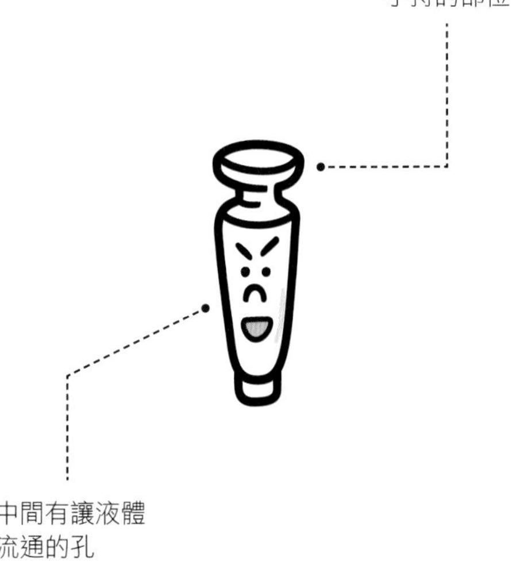

布氏漏斗大叔

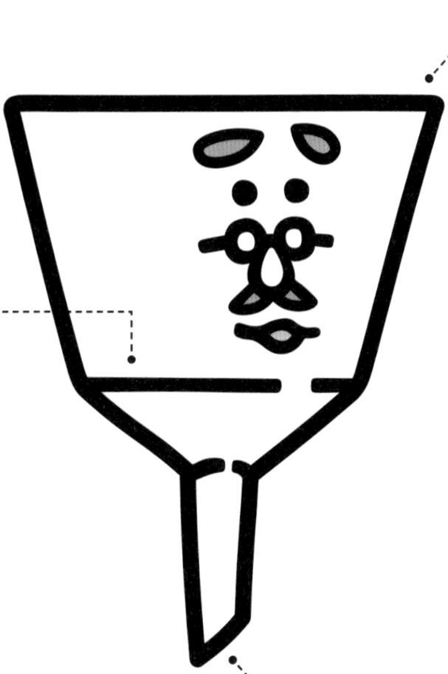

陶瓷製

過濾面開了孔

前端有斜口

狂熱度

易破損度

不易清洗度

過濾速度

價格

正式名稱 布氏漏斗（Buchner funnel）

擅長技能 在減壓狀態下，進行過濾。

個性特色 萬事通大叔。戴著眼鏡，有時也會找眼鏡。

吸濾瓶君

濾紙君

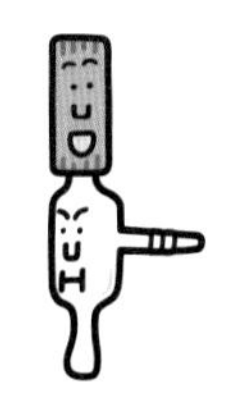

水流抽氣器君
和塑膠管君

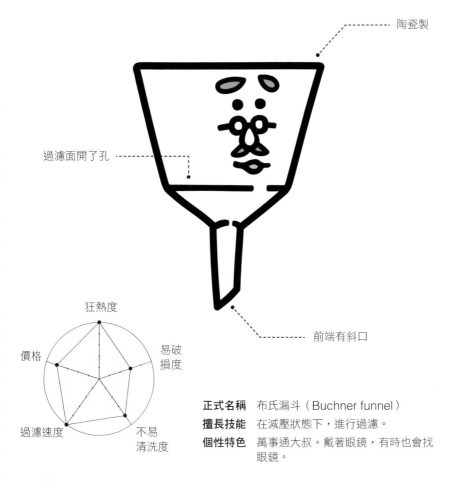

吸濾瓶君

與水流抽氣器連接的管

總是努力吸的嘴

耐得住減壓狀態的厚實軀幹

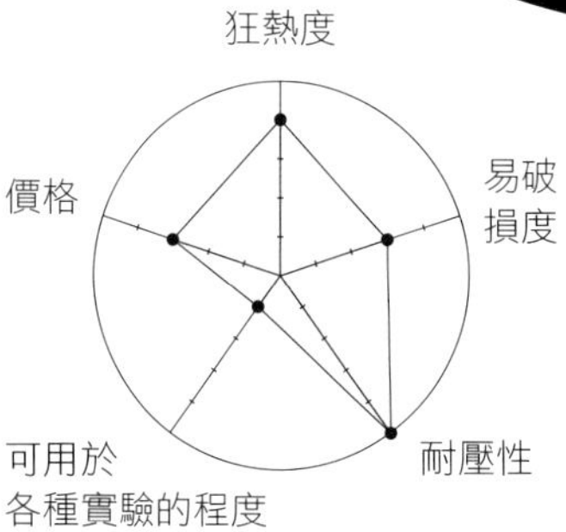

狂熱度

易破損度

耐壓性

可用於各種實驗的程度

價格

正式名稱 吸濾瓶（suction bottle）

擅長技能 將吸力傳給布氏漏斗。

個性特色 沒事時也經常做吸的動作。

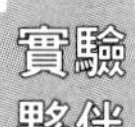

布氏漏斗大叔

水流抽氣器君和塑膠管君

水流抽氣器君和塑膠管君

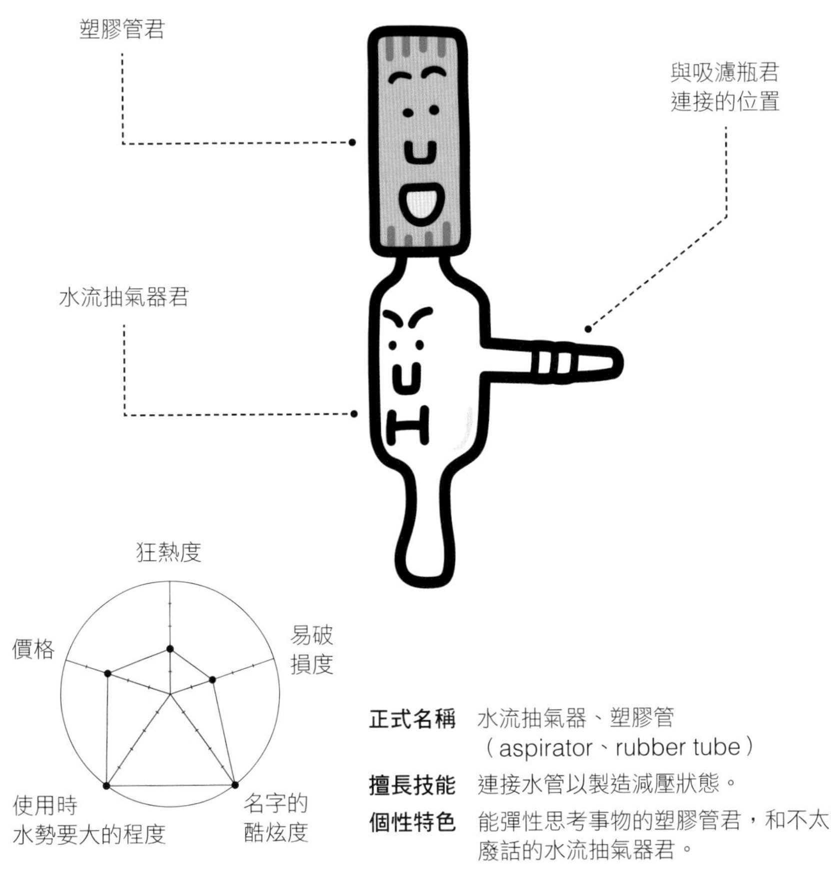

正式名稱 水流抽氣器、塑膠管（aspirator、rubber tube）

擅長技能 連接水管以製造減壓狀態。

個性特色 能彈性思考事物的塑膠管君，和不太說廢話的水流抽氣器君。

在高中的實驗室雖然不常見，但大學多半有抽氣過濾漏斗。這一點，真是令人感激。一般過濾有細小懸浮粒子的溶液需要數十分鐘……如果有蓋子，過濾時間幾個鐘頭跑不掉，還得在要過濾的溶液旁時刻緊盯著。這時若使用抽氣過濾漏斗，沒多久就能結束。這得感謝發明抽氣過濾漏斗的德國化學家布赫納（Ernst Büchner），以及使用自來水管就能輕鬆減壓的水流抽氣器。

此外，人們常用的抽氣過濾漏斗包括布氏漏斗和桐山漏斗。但布氏漏斗孔洞多、清洗麻煩，想盡早完成實驗的話，使用布氏漏斗將招來抱怨……（所以我買只有1個孔、易清洗的桐山漏斗。布赫納先生，抱歉囉！）

攪拌

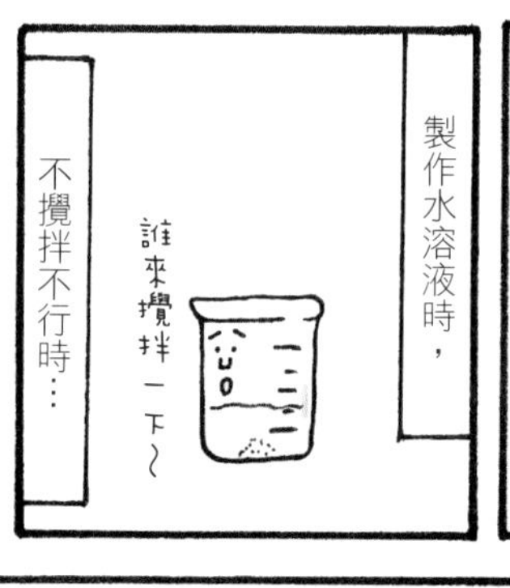
製作水溶液時，
不攪拌不行時…
誰來攪拌一下～

此時活躍的是…
等著了！
來了ㄟ
玻棒君

準備好了嗎？
好了

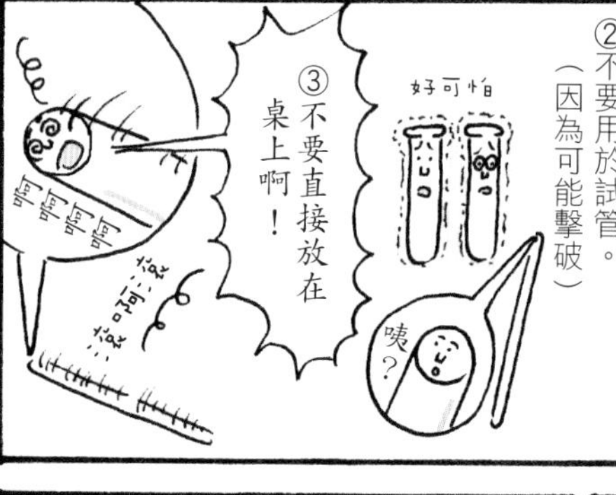
注意事項
①攪拌時，不要碰到燒杯。
攪啊攪
②不要用於試管。（因為可能擊破）
好可怕
咦？
③不要直接放在桌上啊！
啊啊啊啊
滋啊滋…

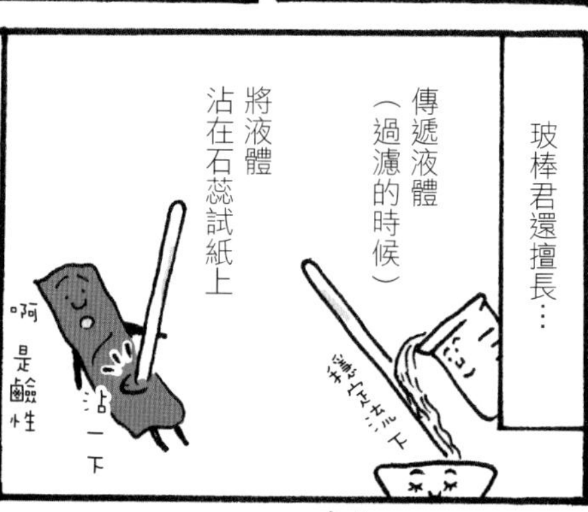
玻棒君還擅長…
傳遞液體（過濾的時候）
將液體沾在石蕊試紙上
沾一下
啊是鹼性

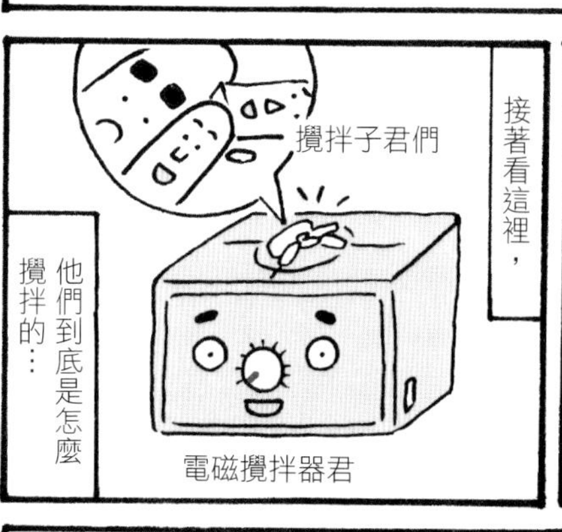
接著看這裡，
攪拌子君們
電磁攪拌器君
他們到底是怎麼攪拌的…

投入攪拌子…
噗通
與電磁攪拌器君結合…
開啟ON！
攪拌子君的旋轉，成了混合液體的力量。
嘰
轉啊轉
嗡嗡

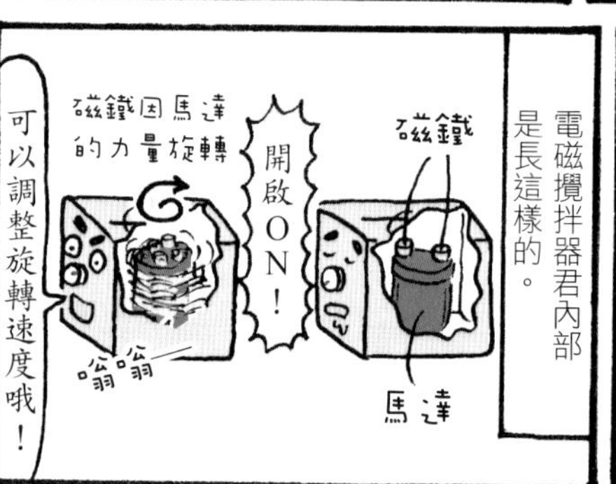
電磁攪拌器君內部是長這樣的。
磁鐵
馬達
開啟ON！
磁鐵因馬達的力量旋轉
嗡嗡
可以調整旋轉速度哦！

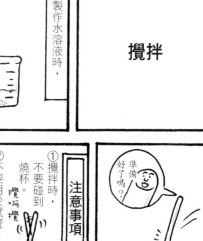

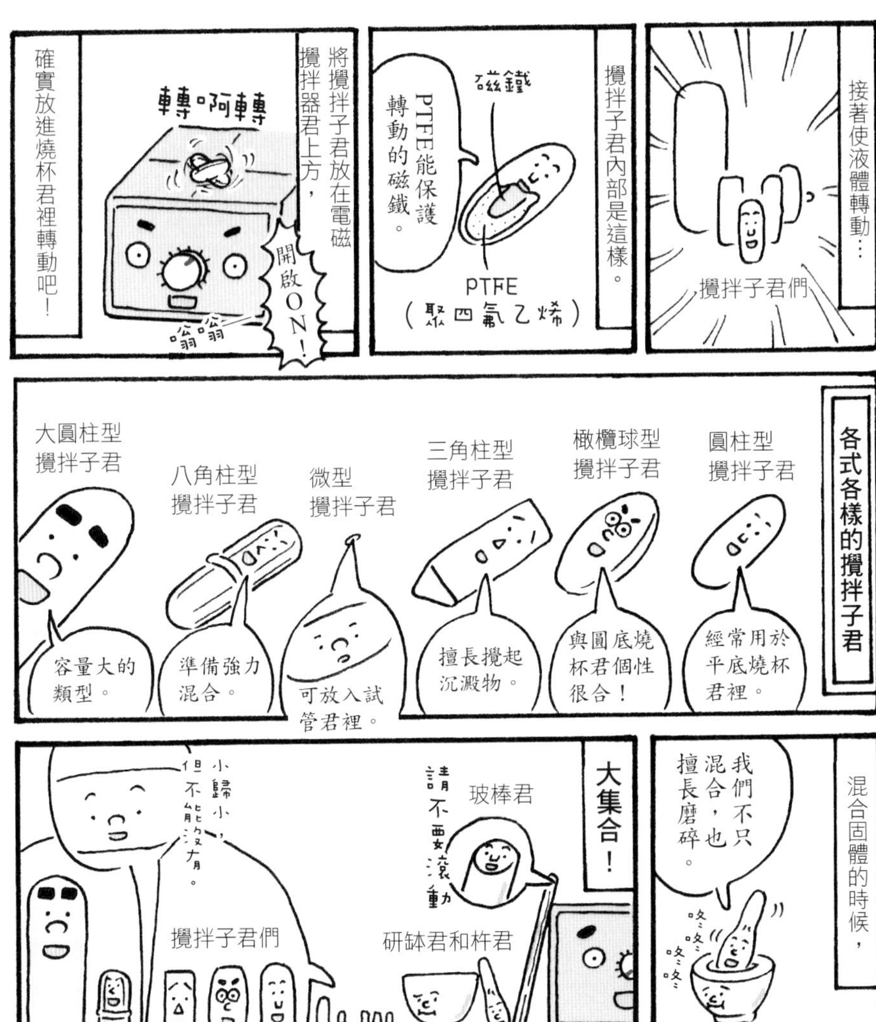

因為攪拌子比較便宜，所以就算是高中生也能用零用錢買齊各種類型的攪拌子。但攪拌器本體便宜的就要將近1萬日圓，加熱型的價格甚至高達數萬日圓。就原理來看，攪拌器只是讓內部的磁鐵轉動而已（利用磁性牽動攪拌子並使之旋轉），覺得應該自己做就好（很堅決喔！）。可是因為自製，再怎麼說耐久性都不穩定，長時間啟動還得在旁邊顧著，讓人有本末倒置的感覺（有經驗者如是說）。

燒杯君備忘錄

▼攪拌子君的種類眾多。

攪拌子君們

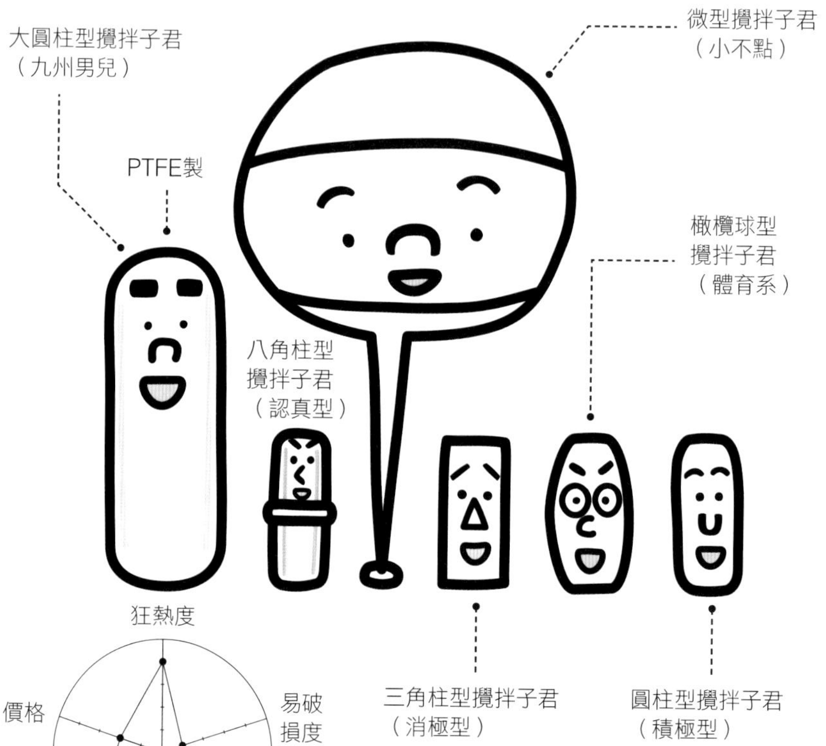

大圓柱型攪拌子君
（九州男兒）

PTFE製

微型攪拌子君
（小不點）

八角柱型
攪拌子君
（認真型）

橄欖球型
攪拌子君
（體育系）

三角柱型攪拌子君
（消極型）

圓柱型攪拌子君
（積極型）

狂熱度

價格

易破
損度

和廢液
一起被倒掉的程度

微小型
經常不知
去向的程度

正式名稱　攪拌子；攪拌棒（stirring bar）

擅長技能　在電磁攪拌器上不停轉動。

個性特色　總是集體行動，但團隊合作不太好。

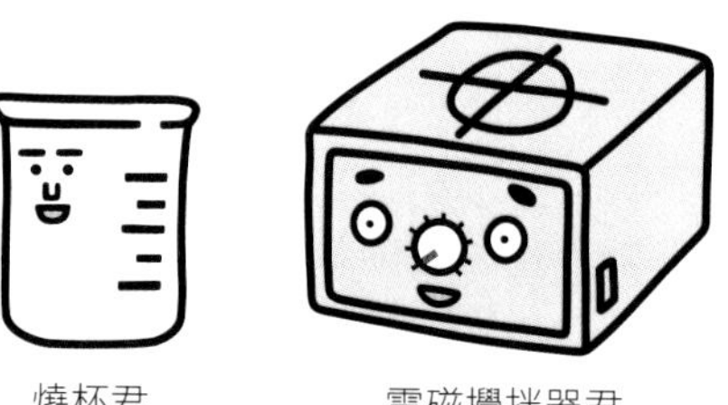

燒杯君

電磁攪拌器君

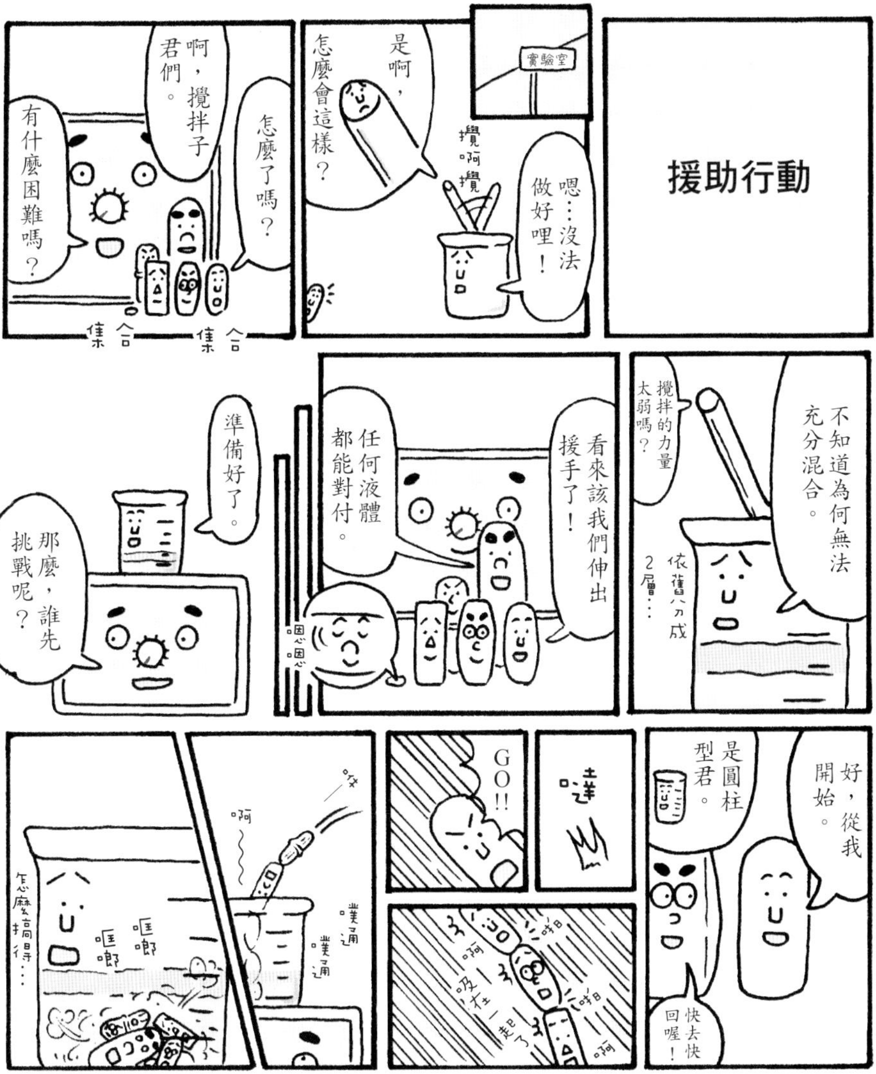

援助行動

實驗室
攪啊攪
嗯…沒法做好哩！
是啊，怎麼會這樣？
啊，攪拌子君們。
怎麼了嗎？
有什麼困難嗎？
集合 集合

不知道為何無法充分混合。
攪拌的力量太弱嗎？
依舊八成2層…
看來該我們伸出援手了！
任何液體都能對付。
嗯嗯
準備好了。
那麼，誰先挑戰呢？

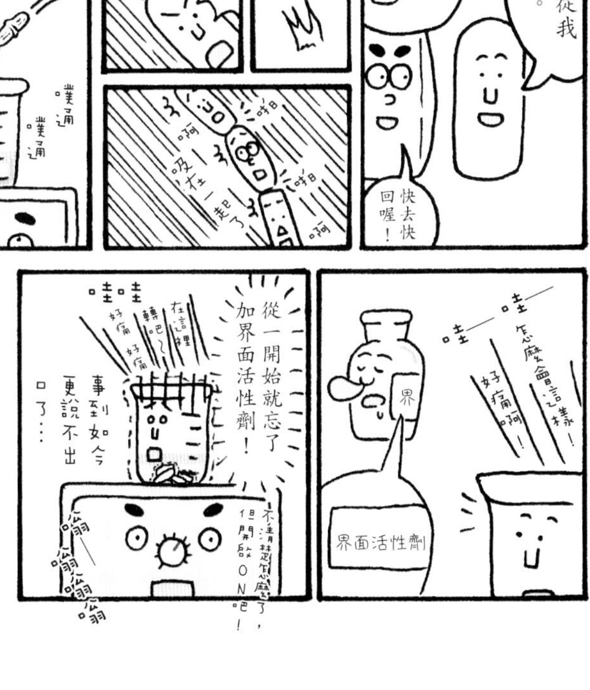

燒杯君備忘錄

▼攪拌子君一多，反而攪拌困難…

電磁攪拌器君

正式名稱 電磁攪拌器（magnetic stirrer）

擅長技能 藉磁力讓攪拌子轉動。

個性特色 開關ON時，眉毛會改變。

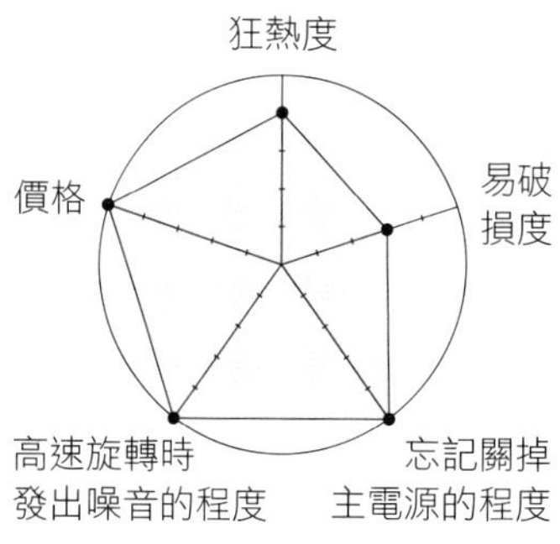

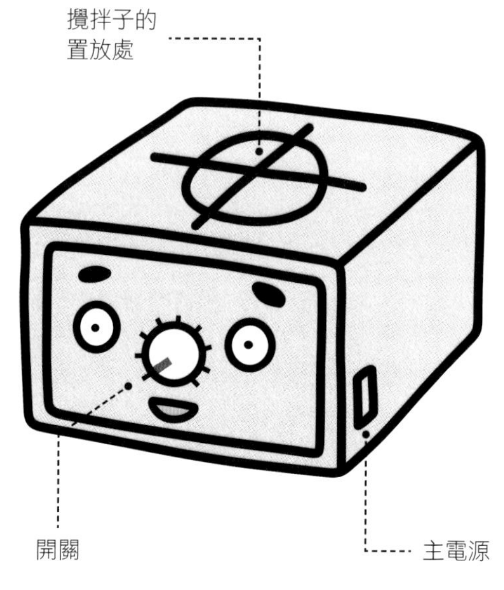

玻棒君

正式名稱 玻棒（glass rod）

擅長技能 攪拌液體。

個性特色 小臉是迷人之處。

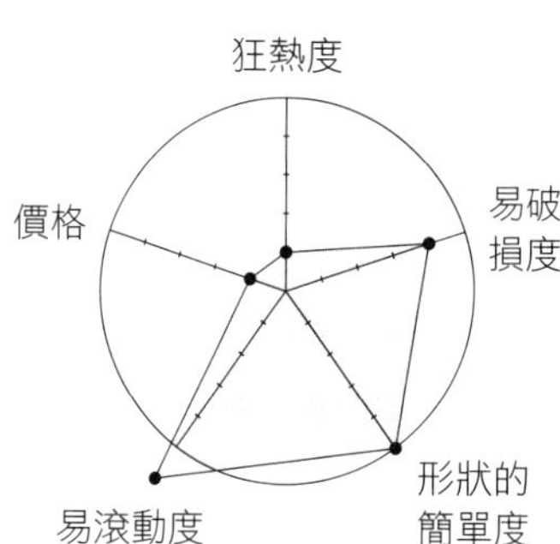

研缽君和杵君

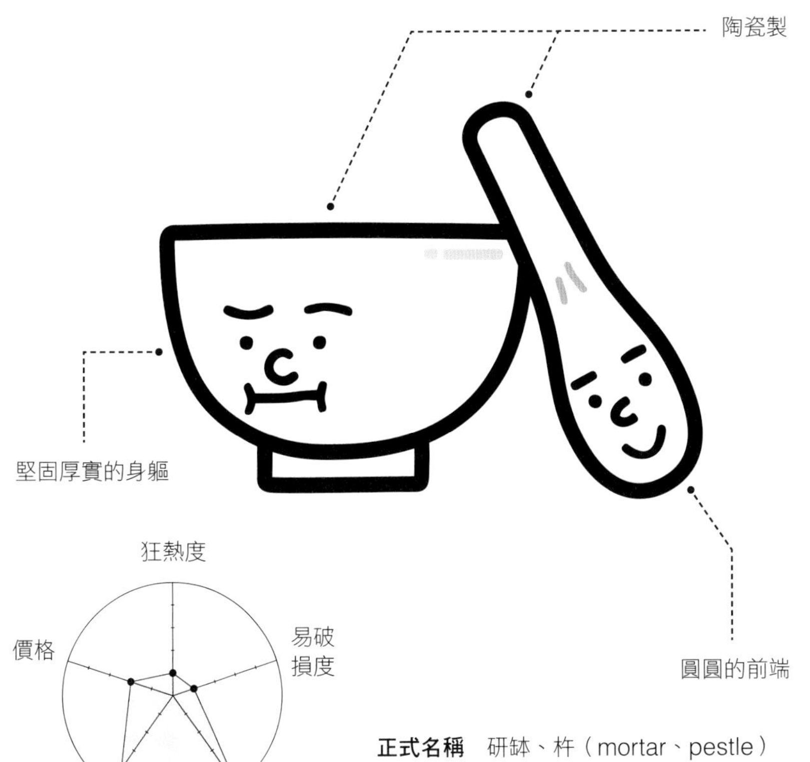

正式名稱	研缽、杵（mortar、pestle）
擅長技能	磨碎固體。
個性特色	研缽君是口齒不清的類型。杵君的個性悠閒。

研缽和杵是化學實驗中常用的器材。經過調製好的藥品多半是粉末，但如果要再次讓再結晶或已蒸發乾掉的沉澱物溶化時，就得靠研缽和杵才行了（因為大顆粒的溶解相當費時）。

為了將細顆粒磨得更細，最好使用高級玻璃製的研缽和杵，因為非常貴，所以要小心使用。如果要求更細更細的話，就得改用瑪瑙製研缽，看字面就知道，瑪瑙製的相當昂貴，而且因為非常美，因此會有想帶一個回家觀賞的念頭。相反的，粉碎大塊物件（岩石等）時，就用鐵研缽和杵，因為重且巨大，所以都收在用具架的最下層。此外，鐵研缽和杵是黑色的，頗有氣勢。

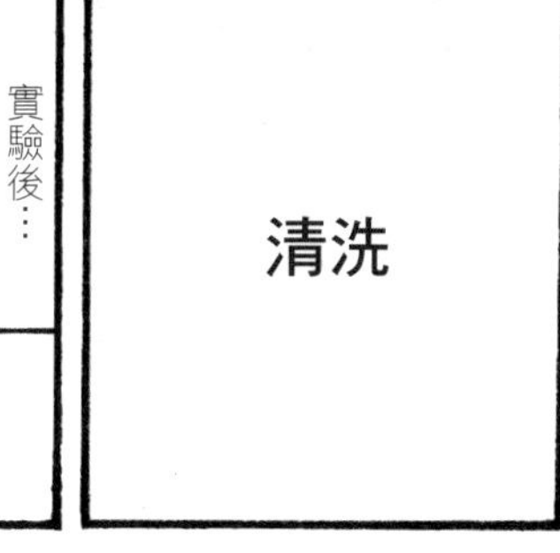

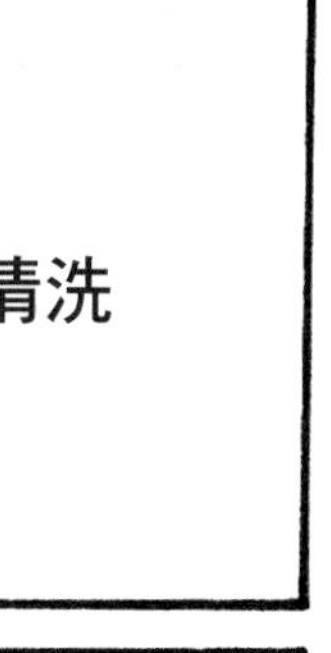

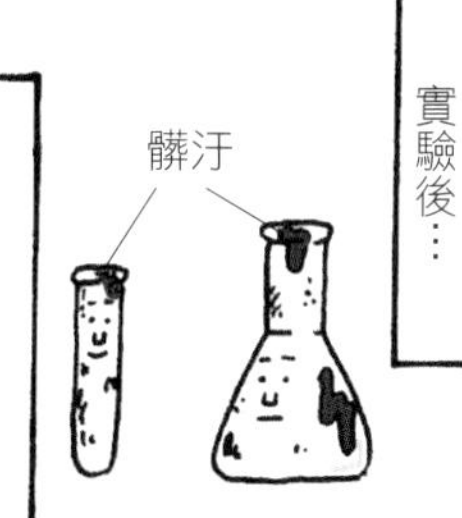

此時，先看這裡！
清洗刷君們

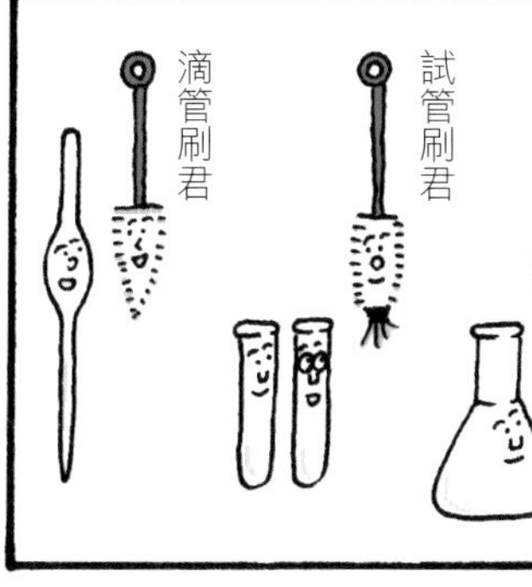

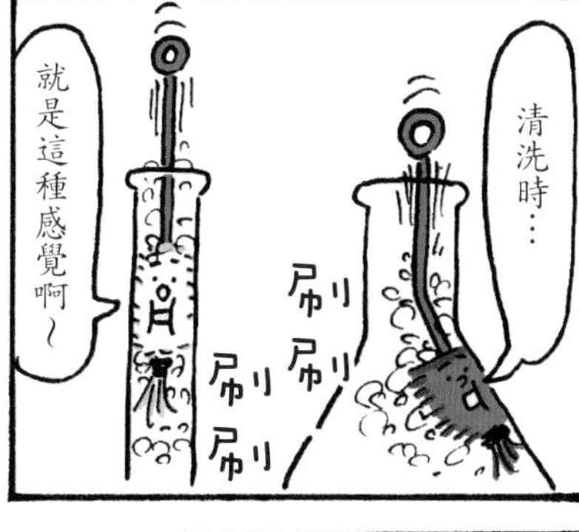

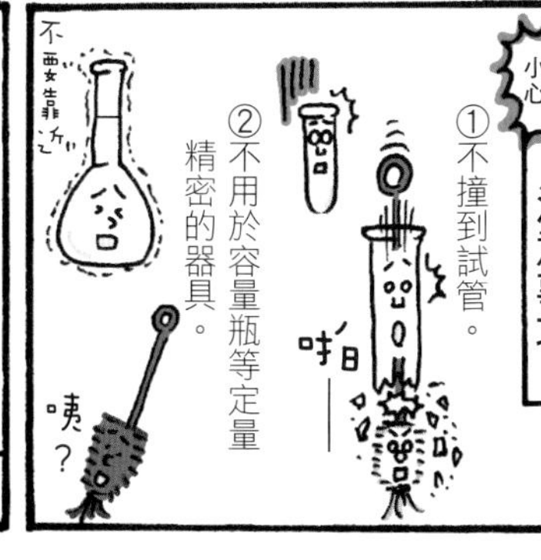

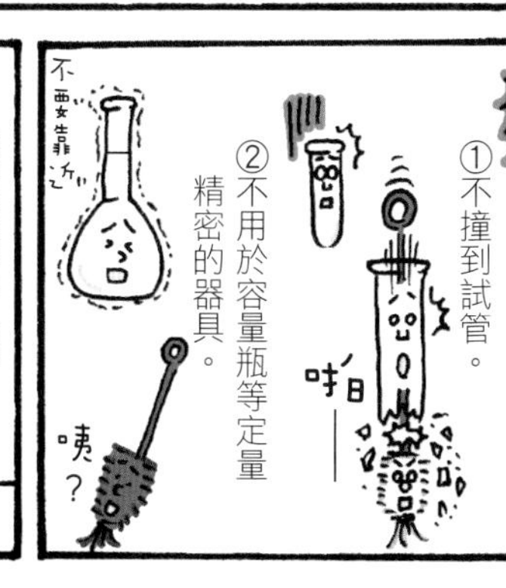

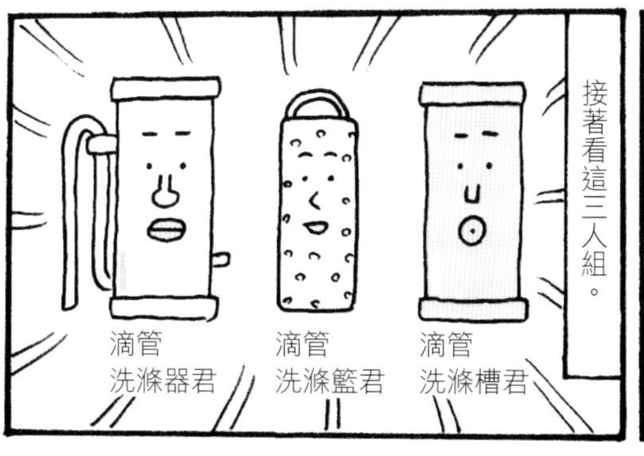

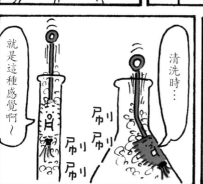

實驗室的流理臺一角，常常可以看到大型滴管洗滌器晾在那裡。利用洗滌器洗東西，會有前所未有的快樂。可是洗滌器如果太老舊，和水管相接的塑膠管就會因為劣化而剝落，使塑膠碎片流入、造成滴管阻塞。這時候必須先將洗滌器洗乾淨，可是因為很麻煩，所以沒人想去使用，以至於把它擱在一旁……。建議最好在管子劣化前更換。

燒杯君備忘錄

▼清洗刷君對容量瓶小妹沒輒。

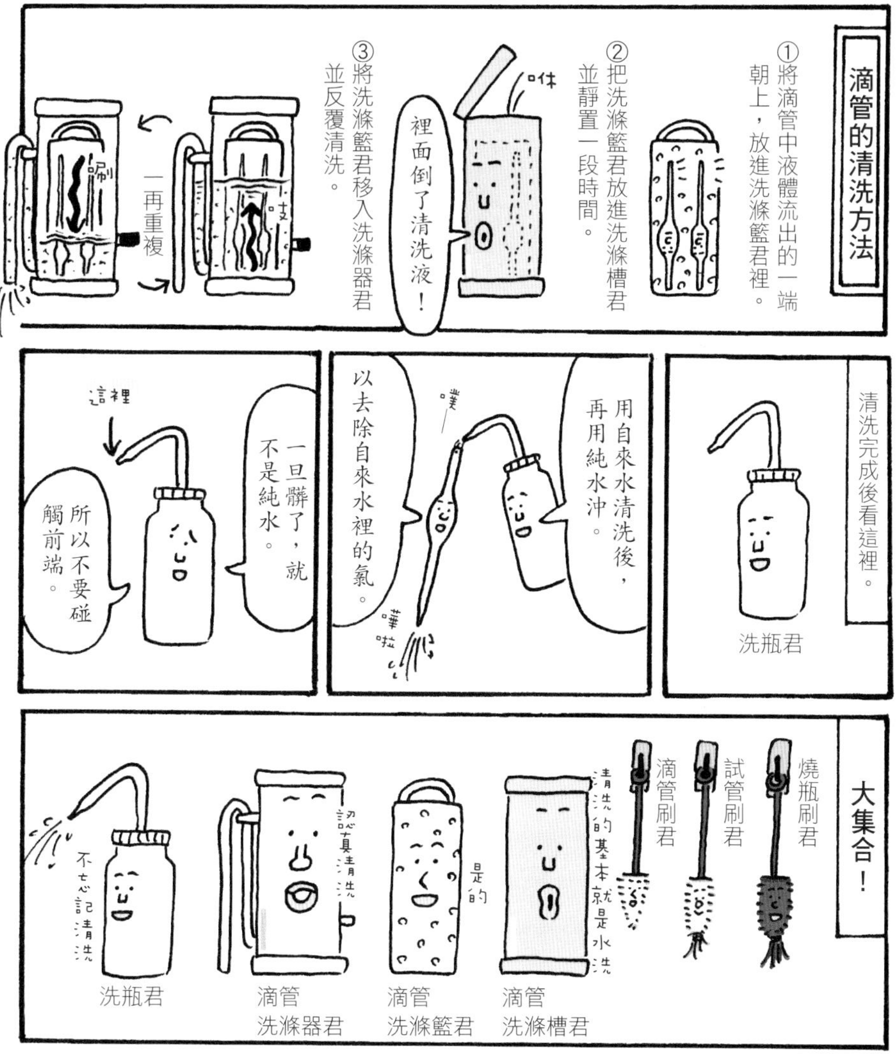

滴管的清洗方法

①將滴管中液體流出的一端朝上，放進洗滌籃君裡。

②把洗滌籃君放進洗滌槽君並靜置一段時間。

咻

裡面倒了清洗液！

③將洗滌籃君移入洗滌器君並反覆清洗。

吱

刷

一再重複

嘩啦啦

清洗完成後看這裡。

洗瓶君

用自來水清洗後，再用純水沖。

噗

以去除自來水裡的氯。

嘩啦

一旦髒了，就不是純水。

這裡

所以不要碰觸前端。

大集合！

燒瓶刷君

試管刷君

滴管刷君

清洗的基本就是水洗

滴管洗滌槽君

是的

滴管洗滌籃君

認真清洗

滴管洗滌器君

不忘記清洗

洗瓶君

基本上，洗瓶裡裝的通常是水。但在有機化學實驗室裡，有時候也會裝丙酮或乙醇等有機溶劑，這是為了溶解並洗掉附著在試管或燒瓶玻璃上的有機物。但即使為了別和裝水的洗瓶搞錯，在瓶子上大大的寫上「丙酮」，裡面的有機溶劑仍然會在不知不覺中消失……。建議還是使用有機溶劑專用的洗瓶（瓶蓋顏色等和裝水的洗瓶都不一樣）比較好。再說，如果用丙酮洗瓶來玩水槍大戰，是非常危險的（笑）。

燒杯君備忘錄

▼不能碰觸洗瓶君的前端。

清洗刷君們

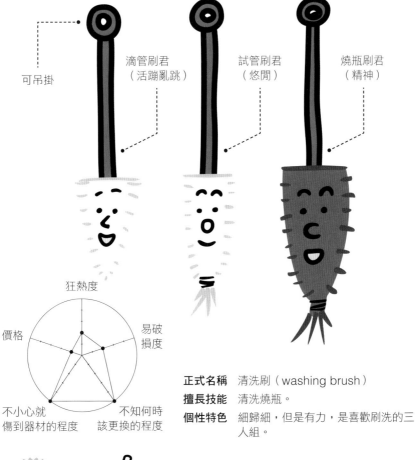

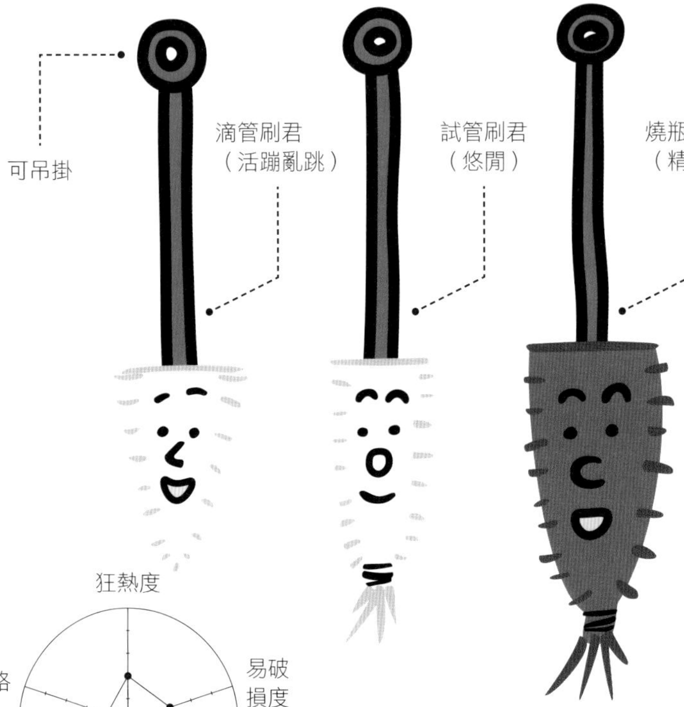

可吊掛

滴管刷君
（活蹦亂跳）

試管刷君
（悠閒）

燒瓶刷君
（精神）

狂熱度

易破損度

價格

不小心就傷到器材的程度

不知何時該更換的程度

正式名稱 清洗刷（washing brush）

擅長技能 清洗燒瓶。

個性特色 細歸細，但是有力，是喜歡刷洗的三人組。

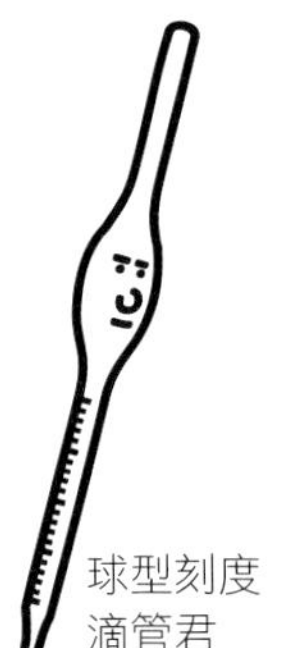

球型刻度滴管君

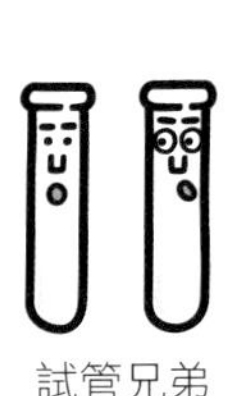

試管兄弟

錐形瓶君

滴管清潔組

正式名稱 滴管洗器組（pipette washer set）

擅長技能 清洗滴管。

個性特色 洗滌槽君和洗滌器君偶爾會爭吵，但在洗滌籃君的調解下都能和好。

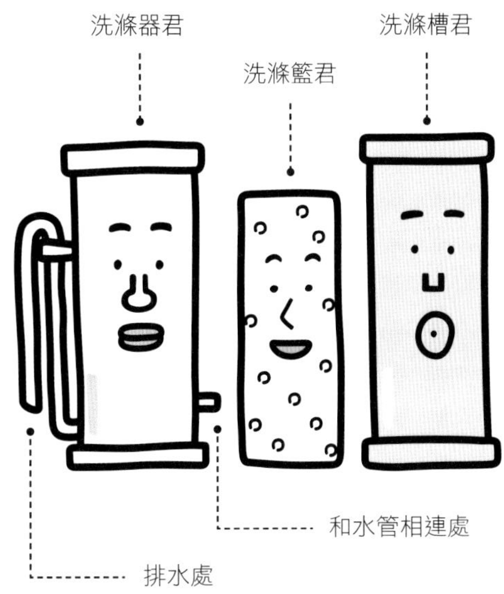

洗瓶君

正式名稱 洗瓶（washing bottle）

擅長技能 用水等液體沖洗器材。

個性特色 喜歡乾淨。

COLUMN
06

和清洗有關的各事項

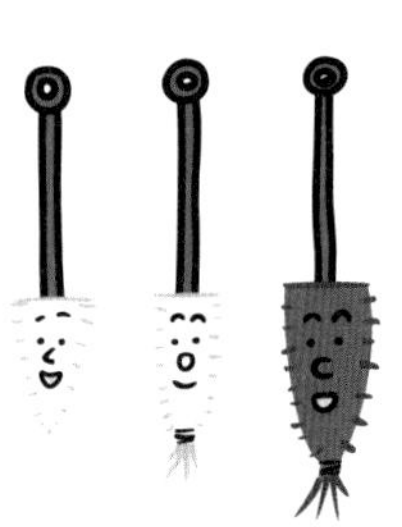

實驗結束後，必須要清洗實驗器材。不，實驗室就算沒有做實驗也得清洗乾淨。清洗超過100根試管時，大概會有1到2根因為閃神而弄破吧（笑）。

話雖如此，清洗試管的方法也有很多，例如不勉強用清洗刷去刷洗試管底部，而是配合清洗刷的長度，能刷到哪就到哪……，以及清洗燒瓶時，必須彎折清洗刷的握柄（也有一種刷子原本就是彎的）等，這些多半是實驗室初學者最初學到的清洗方法。

還有一個清洗的方法，就是先洗燒杯底部的外側……將這個最容易清洗的部分先洗乾淨，再確定是否繼續清洗下去（亦即判斷能不能清洗）。底部清洗完成後，再仔細將外側清洗乾淨，之後清洗內側。按照這個順序仔細清洗，就能知道殘留的髒汙到底是在內側還是外側，這個步驟也能避免有沒洗到的地方（即使如此，仍常有髒汙）。

此外，清洗時還得注意清洗刷的品質，太便宜的清洗刷經常會有脫毛或硬如鋼絲的情況發生。如此不但不容易清洗，還會導致水管阻塞（這是過來人的經驗談）。

意外方便的是，家庭用清潔杯刷具有清洗燒杯的效果絕佳。可是因為家庭用清潔杯刷的前端附有去除汙漬的海綿，有時候反而會藏汙納垢，因此要使用的話，後果請自行負責。

CHAPTER

進行加熱和冷卻的夥伴

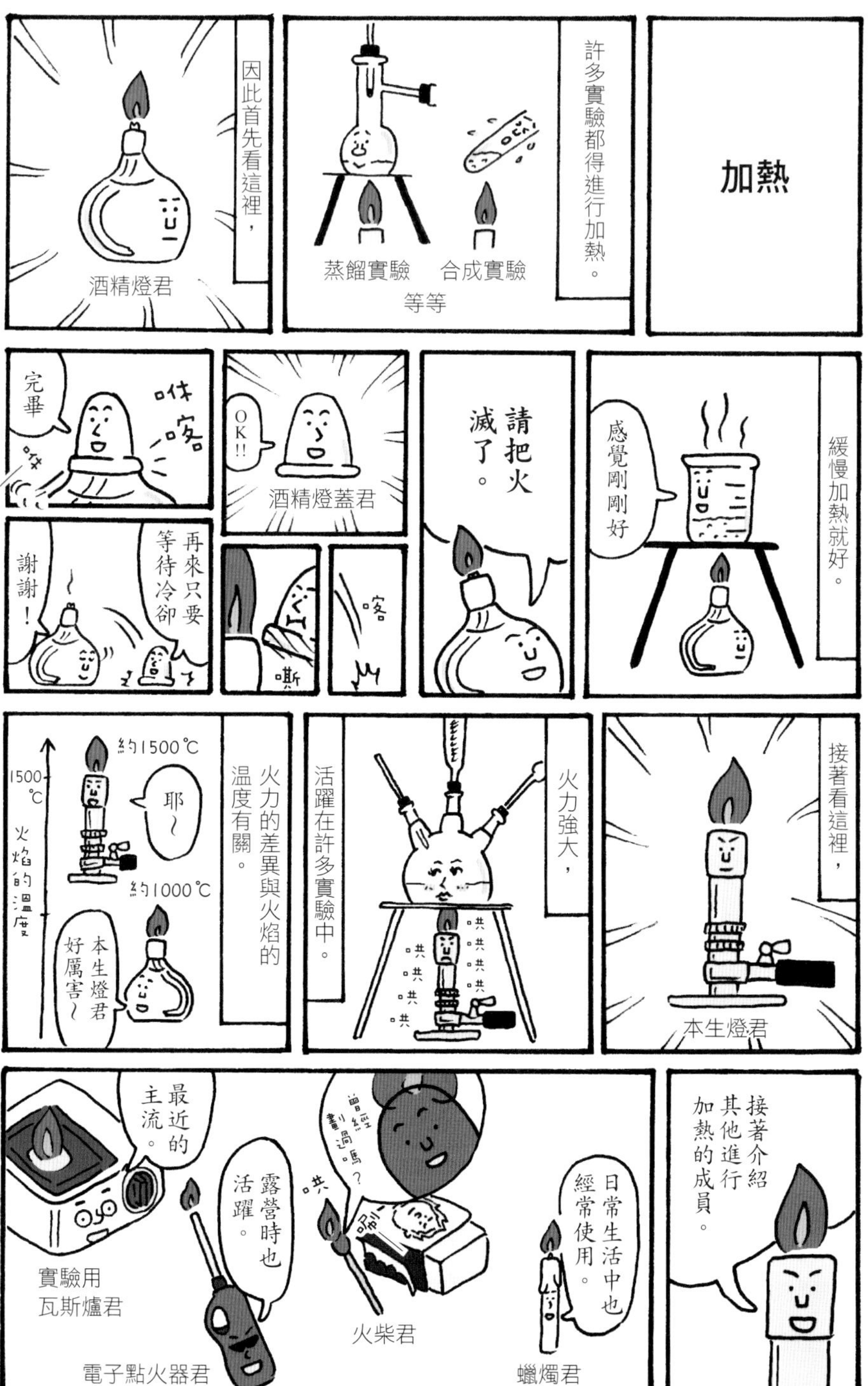
加熱
許多實驗都得進行加熱。
蒸餾實驗
合成實驗
等等
因此首先看這裡，
酒精燈君
緩慢加熱就好。
感覺剛剛好
請把火滅了。
OK!!
酒精燈蓋君
完畢
咻
喀
咻
喀
嘶
再來只要等待冷卻
謝謝！
接著看這裡，
本生燈君
火力強大，
活躍在許多實驗中。
哄
哄
火力的差異與火焰的溫度有關。
約1500℃
耶~
約1000℃
本生燈君好厲害~
1500℃
火焰的溫度
接著介紹其他進行加熱的成員。
日常生活中也經常使用。
蠟燭君
曾經劃過嗎？
哄
唰
火柴君
露營時也活躍。
電子點火器君
最近的主流。
實驗用瓦斯爐君

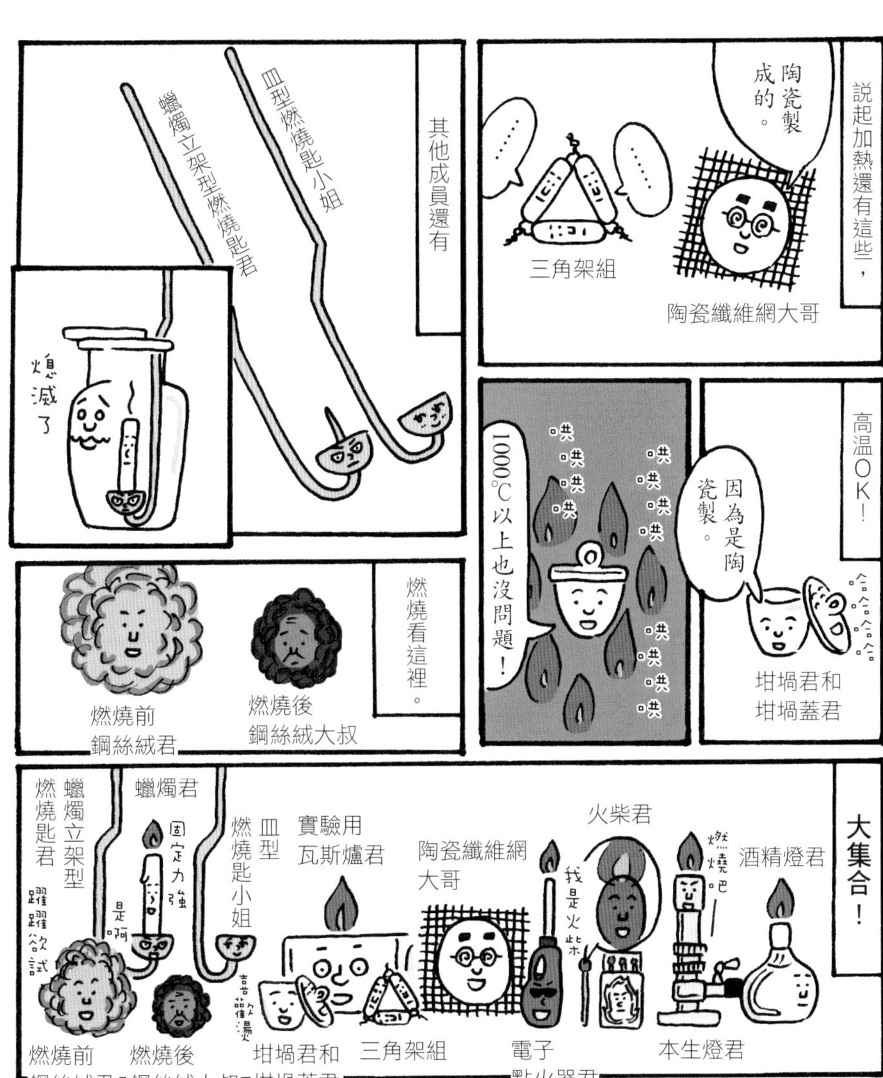

最近吹起懷舊風，酒精燈變得很受歡迎。使用酒精燈時，需充分加入燃料（八分滿）。量太少的話，本體可能會因為火焰的熱度而破裂（雖然我沒有這經驗）。另外，要拍攝實驗時，會在燃料（工業用酒精）中加入一點點氯化鈉（食鹽）。因為在一般情況下，酒精燈的火焰太暗了，無法清楚看見，加入氯化鈉後，火焰會帶有些許黃色色彩（鈉的焰色反應），就能看清楚了。

燒杯君備忘錄

▼本生燈君的火焰是1500℃！熱啊！

酒精燈君和他的燈蓋君

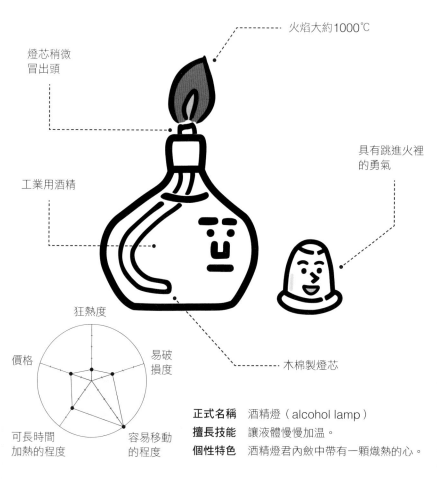

火焰大約1000℃

燈芯稍微
冒出頭

工業用酒精

具有跳進火裡
的勇氣

木棉製燈芯

狂熱度

易破
損度

價格

可長時間
加熱的程度

容易移動
的程度

正式名稱 酒精燈（alcohol lamp）

擅長技能 讓液體慢慢加溫。

個性特色 酒精燈君內斂中帶有一顆熾熱的心。

陶瓷纖維網大哥

火柴君

電子點火器君

本生燈君

正式名稱 本生燈（Bunsen burner）

擅長技能 強力加熱液體等等。

個性特色 如你所見，擁有一顆熾熱的心。

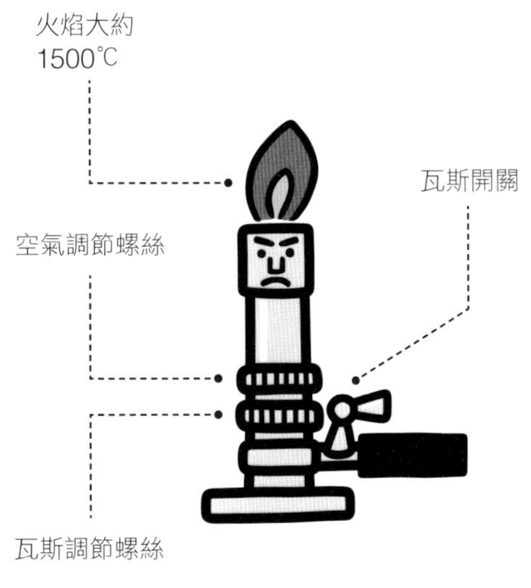

電子點火器君

正式名稱 電子點火器；瓦斯槍（electronic match）

擅長技能 點火。

個性特色 喜歡被依賴。

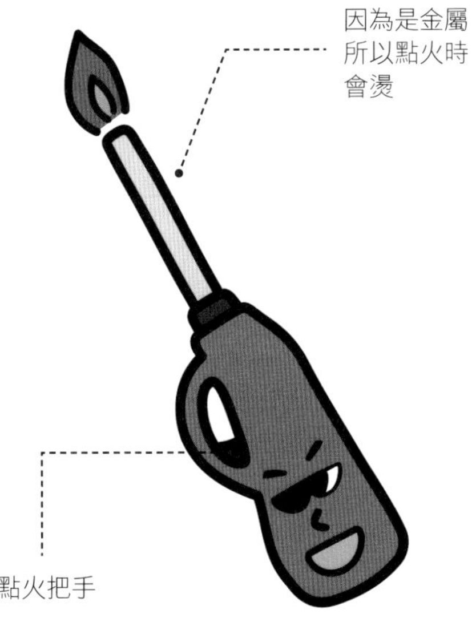

火柴君

正式名稱 火柴
（match）

擅長技能 摩擦後點火。

個性特色 頭雖在燃燒，卻仍抱持平常心。

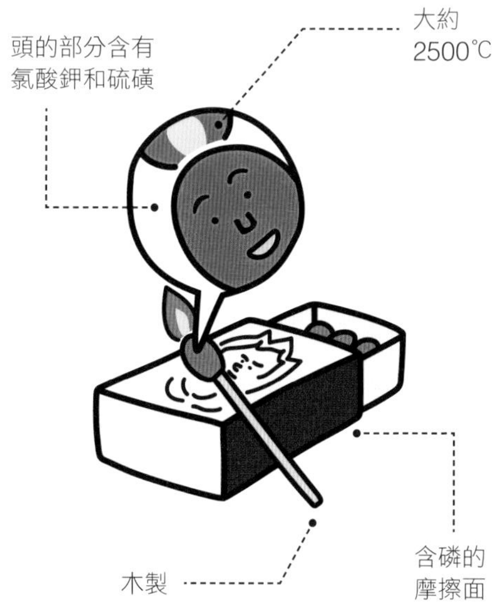

蠟燭君

正式名稱 蠟燭
（candle）

擅長技能 把火點亮。

個性特色 和蠟燭立架型燃燒匙君是麻吉。

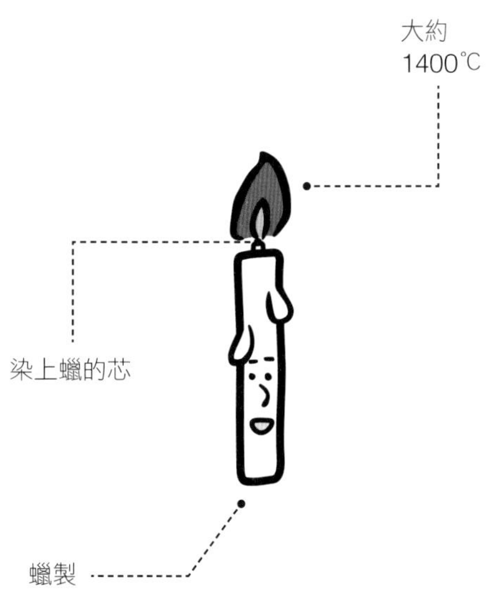

還是去了

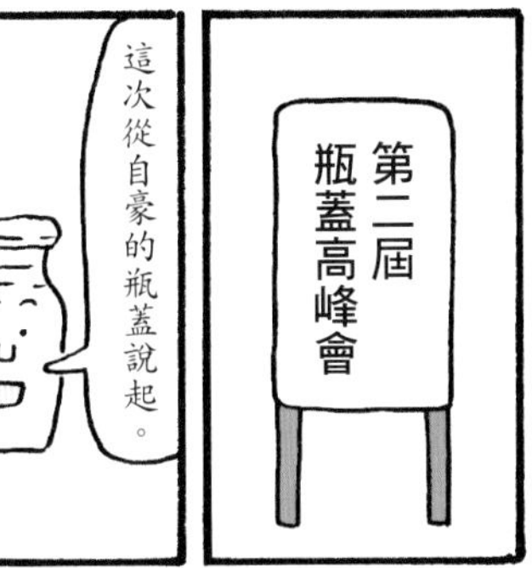

那麼從我開始如何？

好。有請酒精燈蓋君。

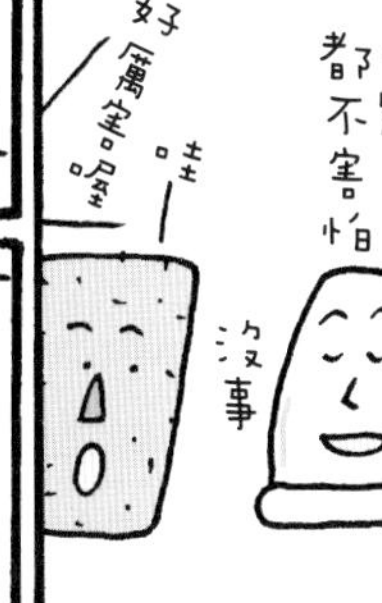

就算會議中也沒辦法

酒精燈蓋君，出發！

跳

咻～

咦

不是酒精燈君啊…

喀碰

咻～

喂～

我是叫燃燒匙君啦～

職業病啊…

燒杯君備忘錄

▼蓋上蓋子，火焰就滅了。

實驗用瓦斯爐君

正式名稱 實驗用瓦斯爐（experimental gas stove）

擅長技能 點火。

個性特色 不太深思的類型。

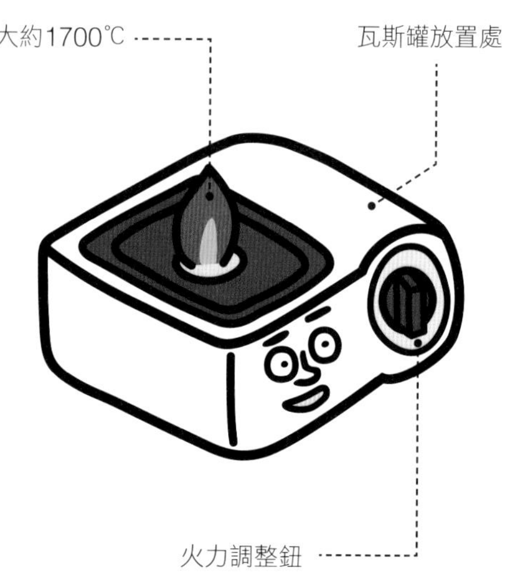

陶瓷纖維網大哥

正式名稱 陶瓷纖維網；金屬網（wire gauze）

擅長技能 陶瓷部位可以使受熱平均。

個性特色 視力不好的讀書人。

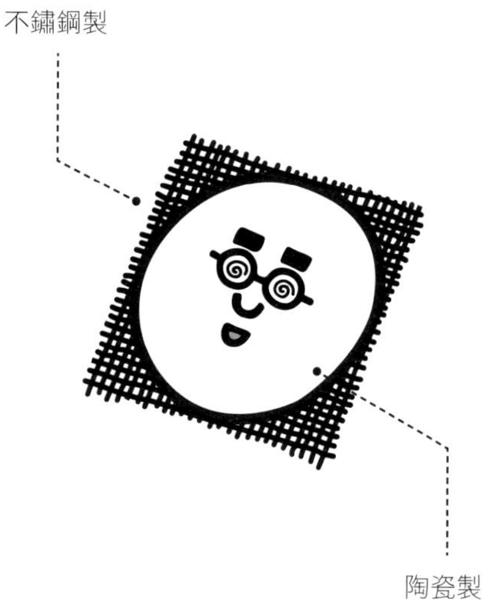

三角架組

正式名稱 三角架（triangular support）

擅長技能 把坩堝放在上面。

個性特色 總是互相支持的好友三人組。

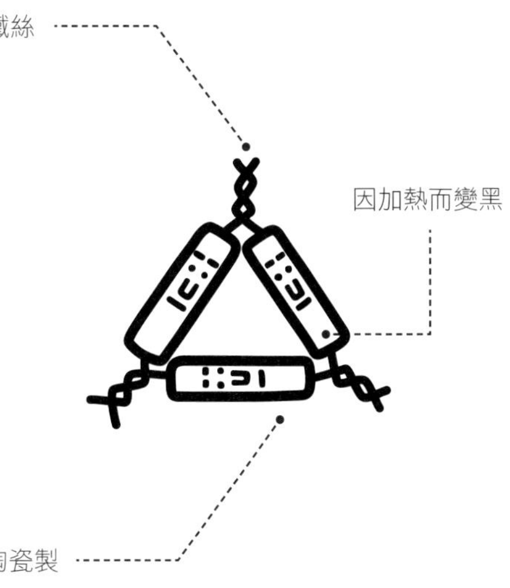

坩堝君與坩堝蓋君

正式名稱 坩堝（crucible）

擅長技能 即使1000℃的高溫也耐得住。

個性特色 氣味相投的組合，兩人都沒有熱的概念。

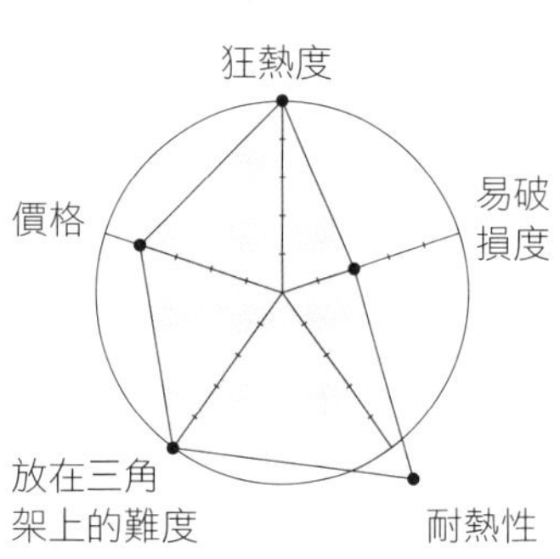

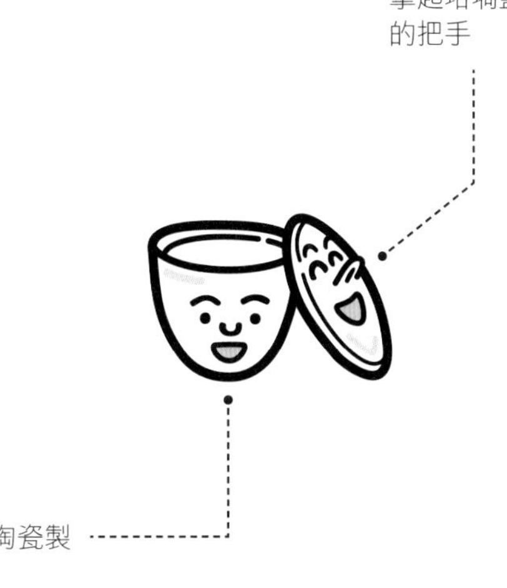

蠟燭立架型燃燒匙君

金屬製

可以固定蠟燭的針

正式名稱　蠟燭立架型燃燒匙（candlestick type combustion spoon）

擅長技能　立起蠟燭並使其燃燒。

個性特色　頭上的針是迷人的焦點。

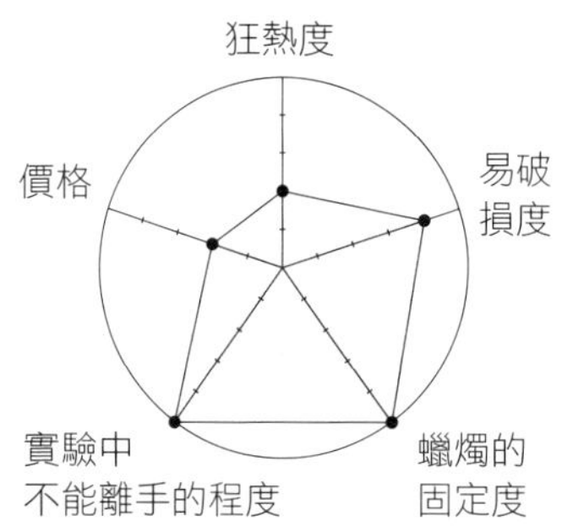

皿型燃燒匙小姐

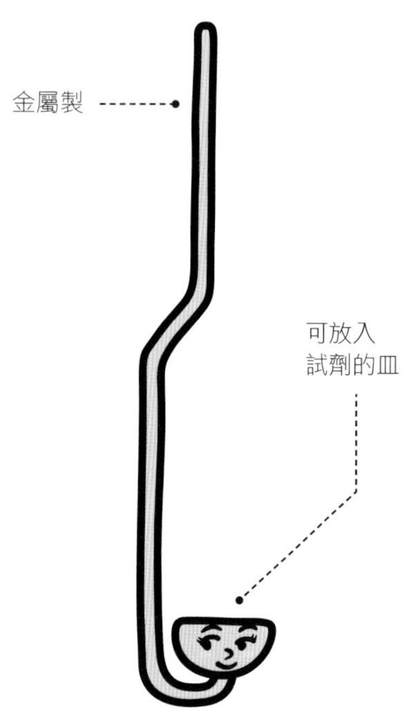

正式名稱　皿型燃燒匙（dished combustion spoon）

擅長技能　燃燒少量物質。

個性特色　在意和蠟燭立架型燃燒匙君有關的事。

燃燒前鋼絲絨君
與燃燒後鋼絲絨大叔

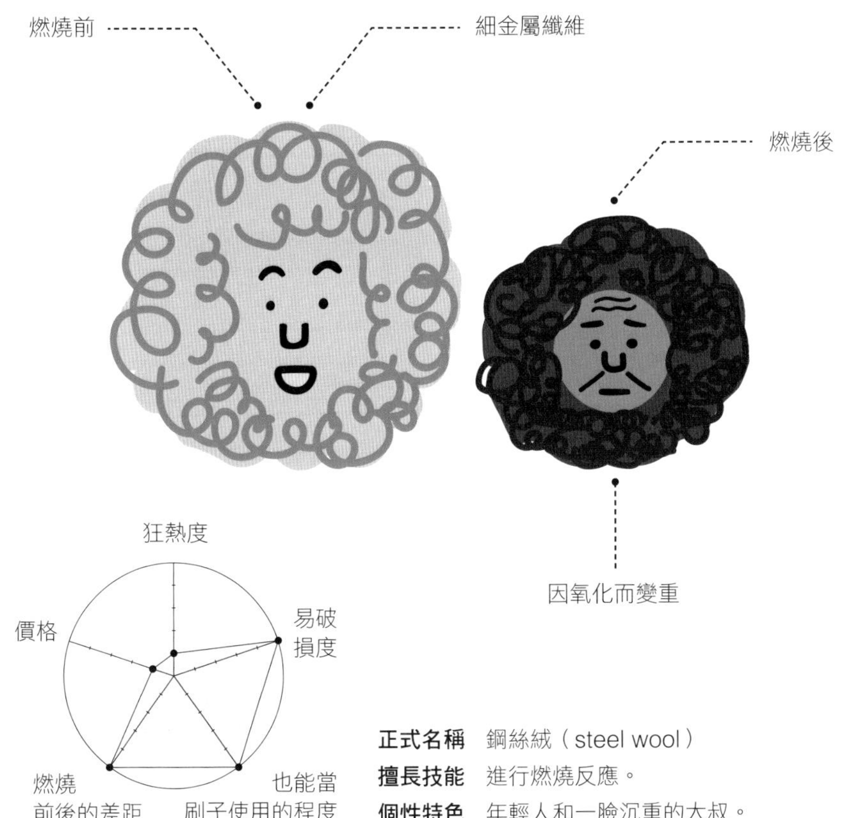

正式名稱　鋼絲絨（steel wool）
擅長技能　進行燃燒反應。
個性特色　年輕人和一臉沉重的大叔。

用於火上加熱的金屬網，除了能支撐燒瓶等器材外，更重要的是，還能讓火焰的熱平均分散、避免突沸，或是防止因局部加熱而造成器材受熱破損。金屬網雖然是簡單的器材，但它的功能卻相當重要。

白色部分目前使用的是陶瓷，所以金屬網又叫陶瓷纖維網，但以前使用的是具代表性的耐熱材料——石綿，所以叫「石綿心網」。因顧及石綿有致癌性，後來才都改成陶瓷材質。但有時候還是能從實驗室的抽屜深處，挖出石綿製的金屬網。不論是石綿製或者陶瓷製，看上去都長得一樣，因此取用時要特別注意，千萬不要拿錯了喔！

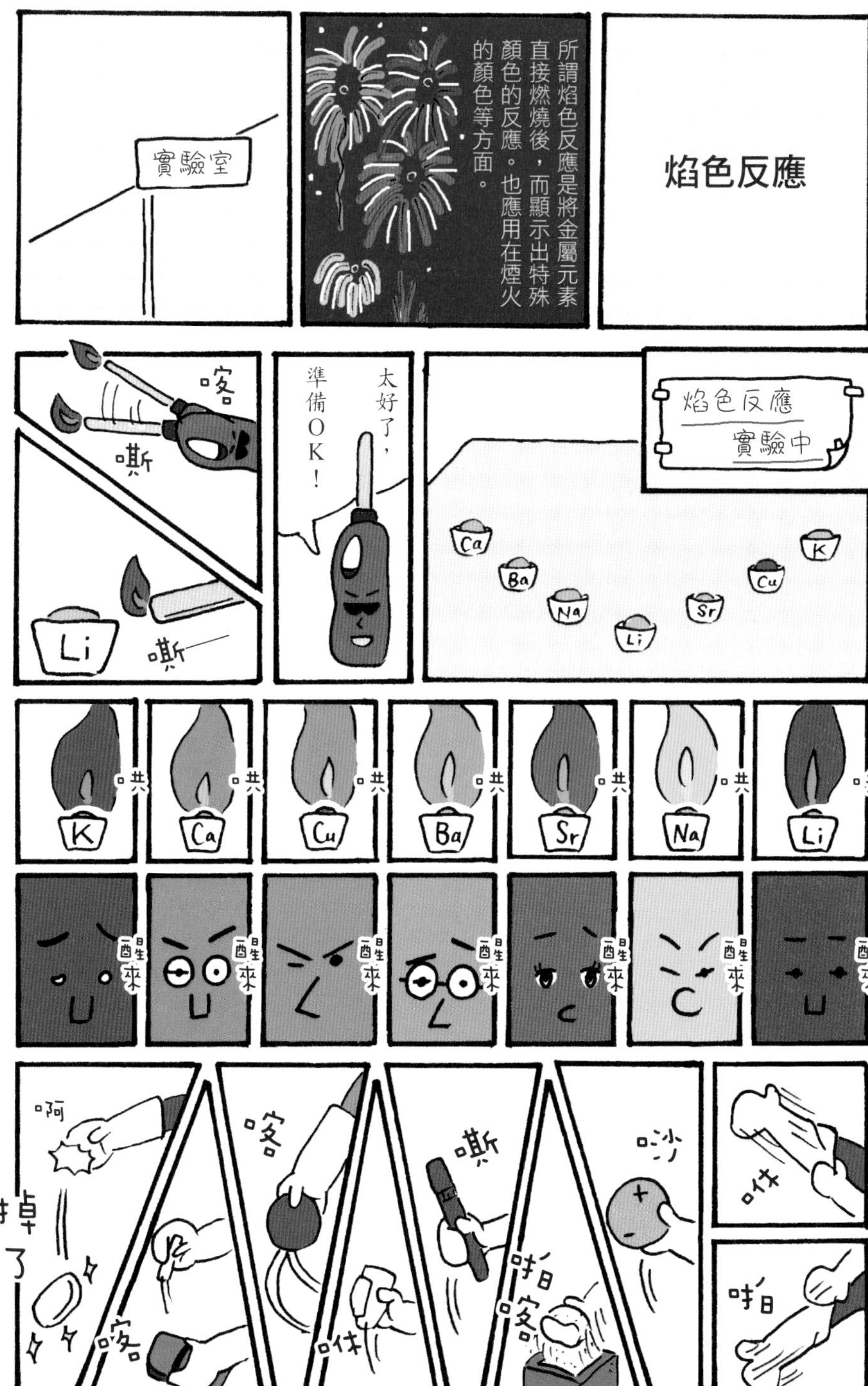
實驗室
所謂焰色反應是將金屬元素直接燃燒後，而顯示出特殊顏色的反應。也應用在煙火的顏色等方面。
焰色反應
喀
嘶
嘶
Li
太好了，準備OK！
焰色反應實驗中
Ca
Ba
Na
Li
Sr
Cu
K
哄
K
哄
Ca
哄
Cu
哄
Ba
哄
Sr
哄
Na
哄
Li
醒來
醒來
醒來
醒來
醒來
醒來
醒來
啊
掉了
喀
喀
咻
嘶
啪
喀
唦
咻
啪

*Flame Reaction的縮寫。

因焰色反應很漂亮，所以是相當受歡迎的實驗。其顏色來自金屬元素受熱發出的光，並不是金屬元素燃燒，因此就算只有一點點的量，也能開心看它燒一會兒。

此外，焰色反應的顏色還是化學測驗的必考題。我是用「リアカー（Li↓紅色）無き（Na↓黃色）狩りの村（K↓紫）では，動力（Cu↓綠色）の馬力（Ba↓綠色）が課題（Ca↓橙色）だが、ストローもくれない（Sr↓紅色）」這樣的諧音記憶法來通過測驗。

燒杯君備忘錄

▼焰色反應紫色手裡拿的是肥皂。

焰色反應紅色（FR7）

紅色的火焰

鋰離子電池

Li

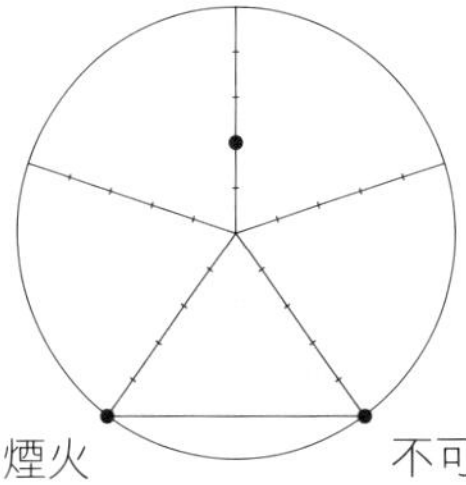

狂熱度

易破損度

不可思議度

和煙火有關的程度

價格

正式名稱　紅色焰色反應。

擅長技能　藉鋰離子電池不斷發出巨響。

個性特色　FR7的成員。因為是紅色，所以被視為隊長。

本生燈君

電子點火器君

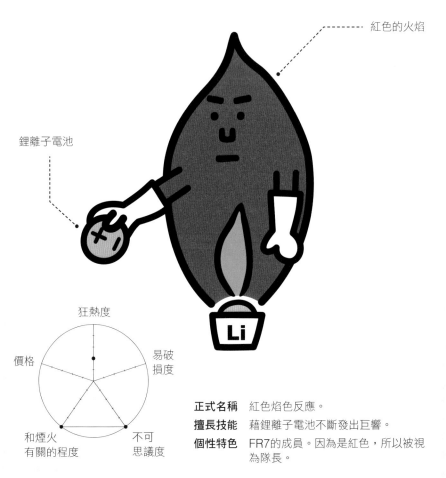

焰色反應（FR7）粉紅色、金黃色、橘色、紫色、黃綠色、藍綠色

焰色反應 紫色

擅長技能
用肥皂讓對手旋轉。

個性特色
成員中最沉穩的。

焰色反應 粉紅色

擅長技能
用發煙筒來呼喚夥伴。

個性特色
成員中的一點紅。

焰色反應 黃綠色

擅長技能
給人看裝有顯影劑的杯子而令對手討厭。

個性特色
成員中最有頭腦的。

焰色反應 金黃色

擅長技能
撒鹽來威嚇對手。

個性特色
成員中最有力量的。

焰色反應 藍綠色

擅長技能
揮舞銅牌。

個性特色
成員中最man的。

焰色反應 橘色

擅長技能
丟粉筆打對手。

個性特色
成員中最吵鬧的。

FR7①
FR7……
雖然不知道敵人是否存在，
但為了與邪惡交戰
日夜都做訓練的
焰色反應7人組。
實驗室
惡
不知那些壞蛋何時會來？
不管何時來，要訓練到隨時能對付
是——
Li
不論對手是誰，我用鹽來威嚇。
撒
Na
發煙筒是常備用品。
Sr
如何有效使用這個液體呢…我想想…
嘩啦
Ba
我的武器可以痛宰對方！
咻
咻
Cu
準備板擦，讓對方嚐苦頭！
啪
啪
啪
啪
Ca
……
K
好的，都擺好架式了！
絕對要消滅那些壞蛋！
滅了
滅了
要「滅了」
交給我了！
噠噠噠
上啊！
咻
跳
不不不，等等！
Li
Sr
Na
我蓋
好的，滅了！
啊…
咻
Li
哇哇哇哇……
難道…
無法挽回了嗎？
Li
要被滅了，快逃啊！
咻
誰來點個火啊～
Li
咻
對～不起！
燒杯君備忘錄
▼注意別搞錯了！

FR7②

實驗室

上次敗在粗心大意…

下次絕不能輸！所以…

危險

惡

要有輔助技巧！

好，注意…

嗯嗯

嗯嗯

嗯嗯

加強訓練

是──

啊！

之前真抱歉…

噠噠噠噠…

！！

集合！

咦？？

什麼？怎麼了？

唦 唦 唦 唦 唦 唦

全員防禦！

咻

啪

咻

啪

啪

啪

好恐怖！

咻

!!

太好了！

贏了！

團隊的勝利～

咻～

Ba Na Li Sr Cu

咻～

啪

Ba Na Li Sr Cu

咦!?

燒杯君備忘錄

▼火焰終究會因氮氣君而消失嗎？

不行走太遠哦～

好的。

是氮氣君!?

誰來點個火啊～

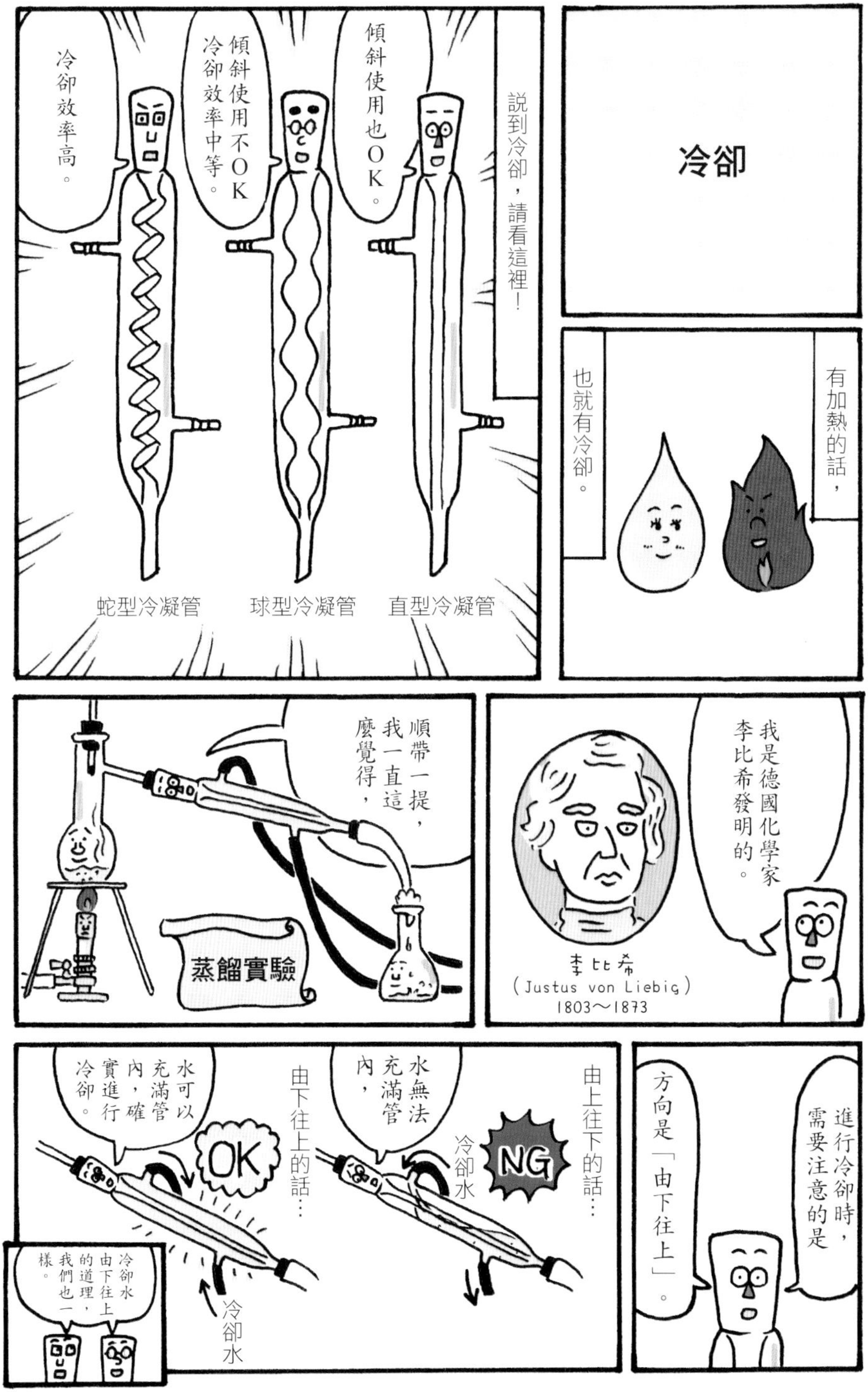

冷卻

有加熱的話，

也就有冷卻。

說到冷卻，請看這裡！

傾斜使用也OK。

傾斜使用不OK
冷卻效率中等。

冷卻效率高。

直型冷凝管

球型冷凝管

蛇型冷凝管

我是德國化學家
李比希發明的。

李比希
(Justus von Liebig)
1803～1873

順帶一提，
我一直這
麼覺得，

蒸餾實驗

進行冷卻時，
需要注意的是

方向是「由下往上」。

由上往下的話…

水無法
充滿管
內，

冷卻水

NG

由下往上的話…

水可以
充滿管
內，確
實進行
冷卻。

OK

冷卻水

冷卻水
由下往上
的道理，
我們也一
樣。

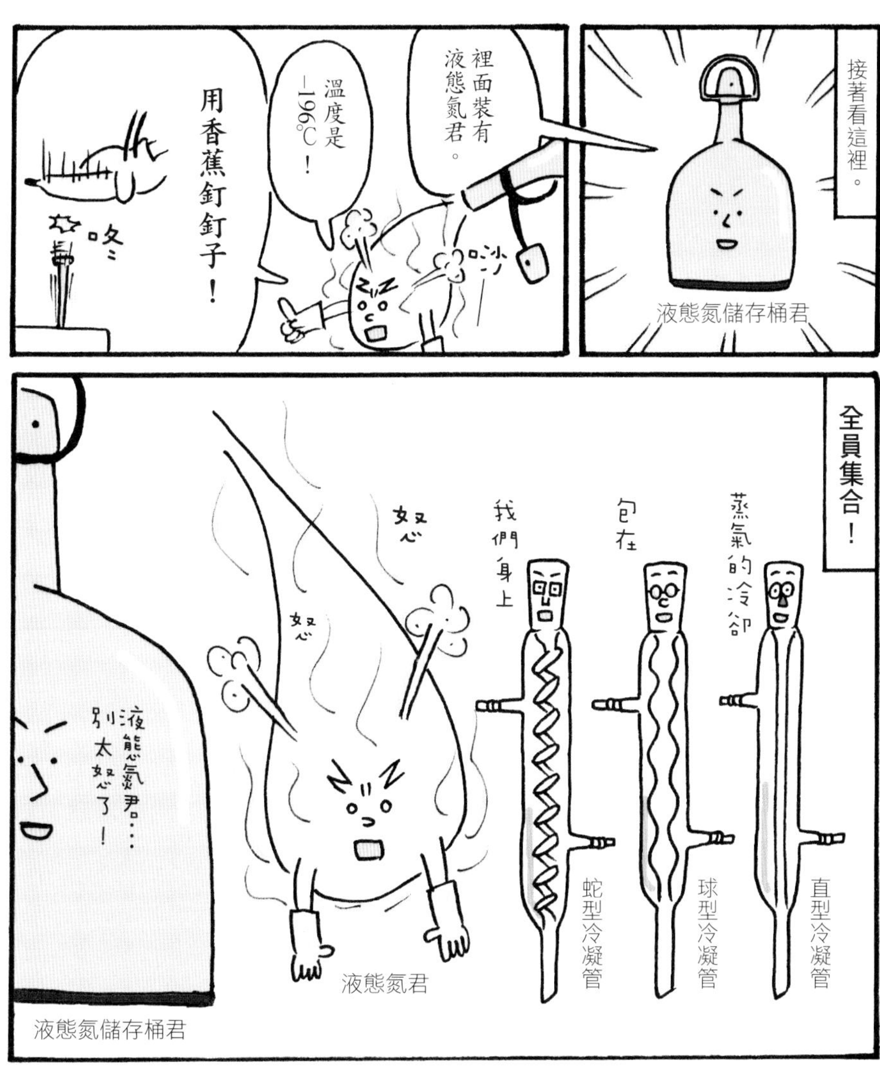

玻璃器材非常美麗，其中也包括雙層玻璃製成的冷凝管。冷凝管的精密度非常出類拔萃，它也是實驗器材中人氣最高的（我是這麼覺得啦！）。以內管呈螺旋狀的蛇型冷凝管來說，光看到就會被它吸引。但蛇型冷凝管也有缺點，因為呈螺旋狀的雙層構造，所以只要一點點撞擊，內管就會折斷。這個缺點讓它成了沒有用處的器材，在許多實驗室都能看到冷凝管，可能因為長度的緣故，所以沒有被丟棄！

燒杯君備忘錄

▼對冷凝管君們來說，得「由下往上」讓水流動。

直型冷凝管君

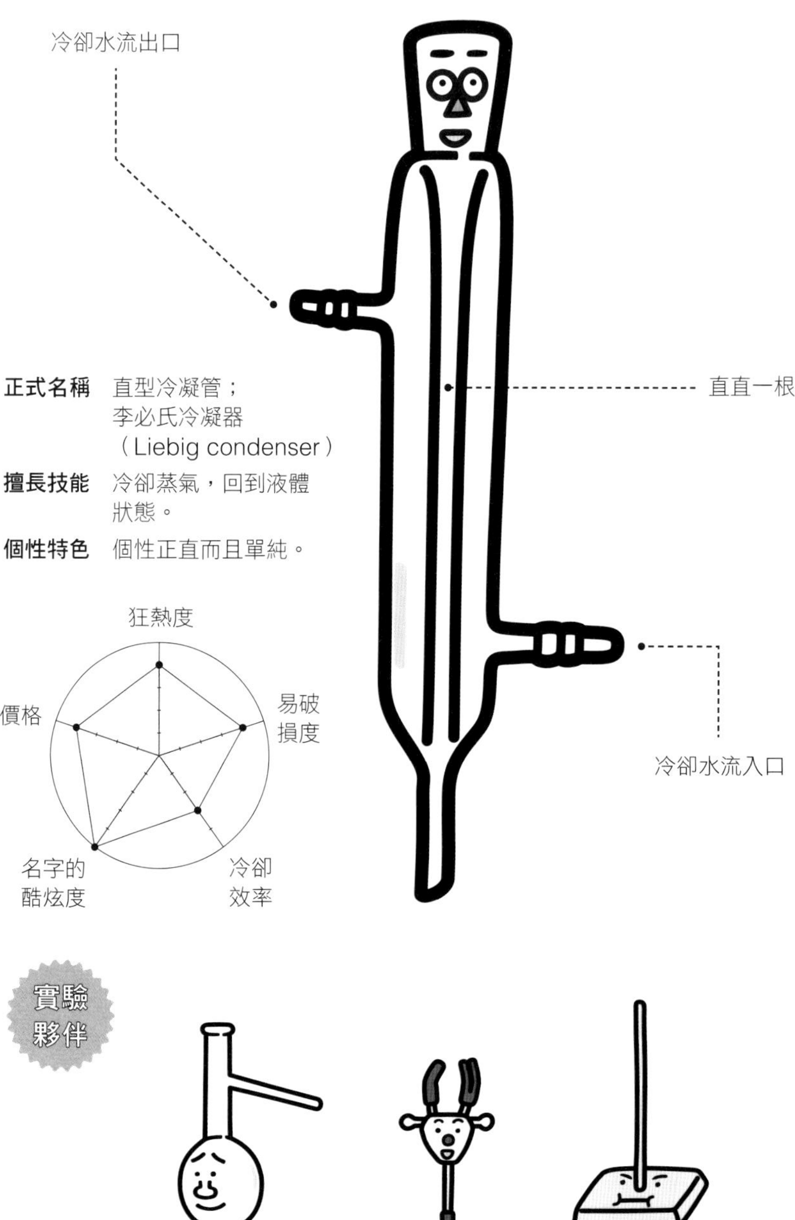

正式名稱 直型冷凝管；李必氏冷凝器（Liebig condenser）

擅長技能 冷卻蒸氣，回到液體狀態。

個性特色 個性正直而且單純。

蛇型冷凝管君

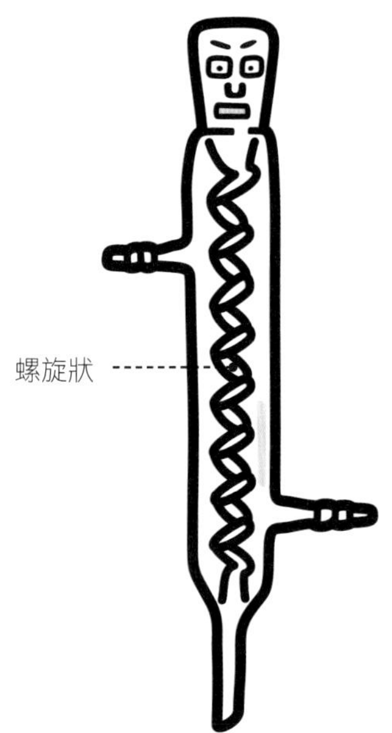

正式名稱　蛇型冷凝管（Graham condenser）

擅長技能　冷卻蒸氣，回到液體狀態。

個性特色　忽熱忽冷的類型。

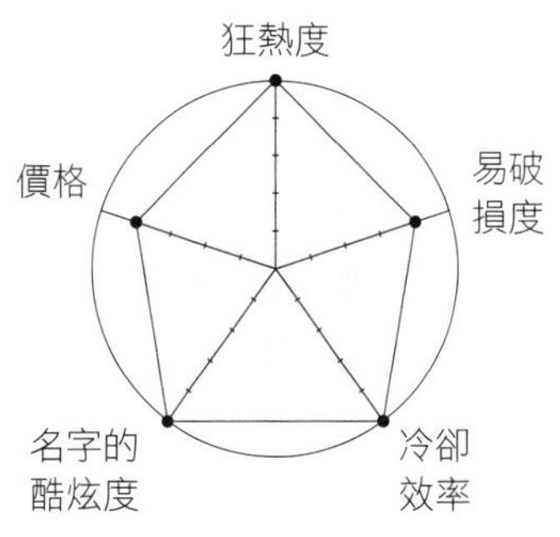

球型冷凝管君

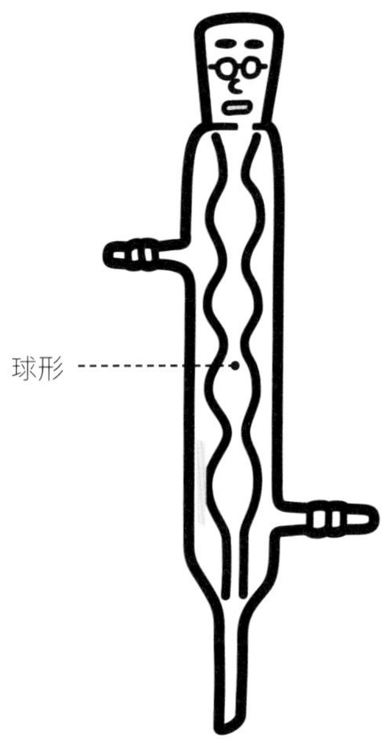

正式名稱　球型冷凝管；阿林冷凝管（Allihn condenser）

擅長技能　冷卻蒸氣，回到液體狀態。

個性特色　不希望被叫「球型」而是叫「阿林」。

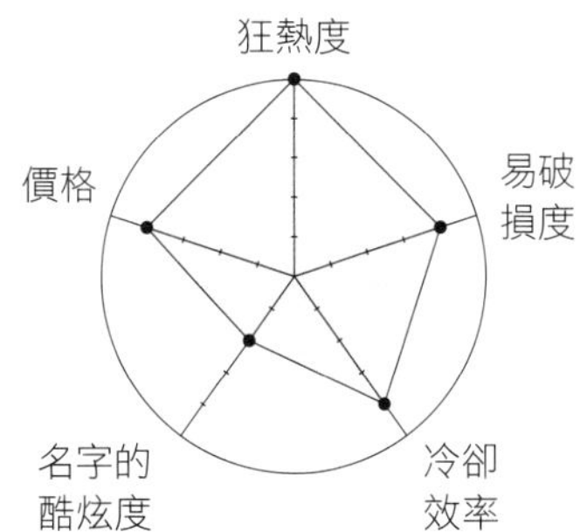

液態氮君

正式名稱　液態氮（liquid nitrogen）

擅長技能　冷卻物質。

個性特色　沸點低，所以易怒。

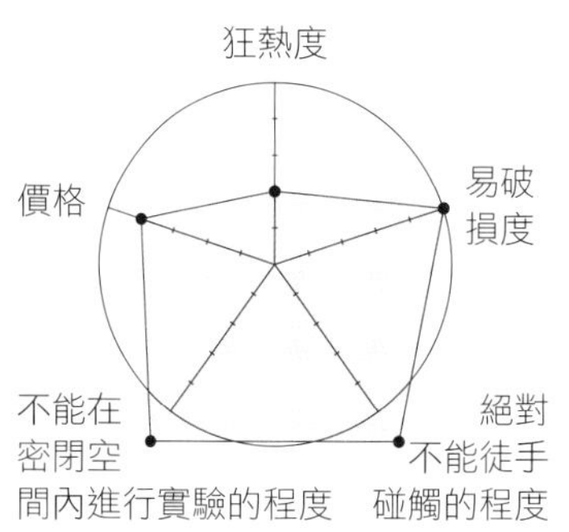

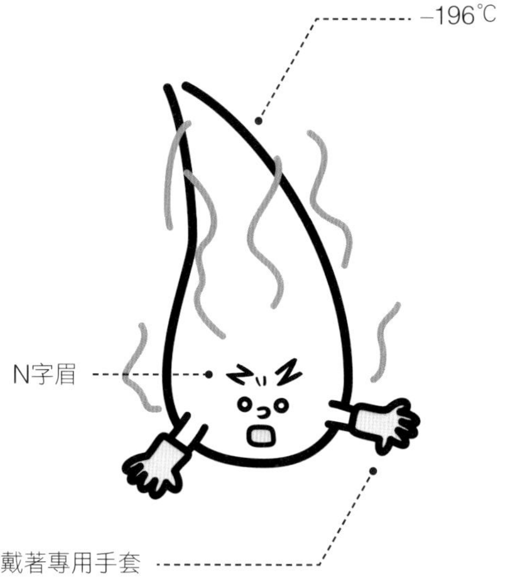

液態氮儲存桶君

正式名稱　液態氮儲存桶（liquid nitrogen transportation container）

擅長技能　把液態氮放置其中。

個性特色　經常安撫易怒的液態氮君。

易怒的個性

沸點低，所以液態氮君總是在生氣…

沸點-196°C

可是也有心軟的一面。

燒杯君備忘錄

▼液態氮君戴著專用手套。

COLUMN
07

偉大的本生燈

和瓦斯管相連、用於加熱實驗的噴燈，正式名稱叫做「本生燈」。本生燈有上、下二個旋鈕，用來調節瓦斯量（下旋鈕）和空氣量（上旋鈕），另外也有利用橫向相連的螺絲，用來調節瓦斯和空氣量的針閥本生燈。我想，第一次想了解本生燈構造的人，應該都拆過本生燈吧？（咦，沒做過嗎？）你會發現本生燈的構造，簡單的驚人啊！

而本生燈的由來，眾說紛紜。一說是德國化學家本生（Robert W. Bunsen）改良過去的噴燈而來（本生曾經和德國物理學家克希荷夫（Gustav Kirchhoff）一起利用光譜化學分析法，發現銫和銣兩種元素）；一說是英國化學家戴維（Humphry Davy）和他的助手法拉第（Michael Faraday）共同設計，然後由法拉第改良而成的。

被當做加熱器材的噴燈，它的邊緣下方堅固有力，是進行焰色反應實驗的主角。比起酒精燈，噴燈的加熱效率較佳，所以焰色的能見度也好。此外，藉由噴燈進行的焰色反應，雖然標準程序上要使用鉑圈來盛載樣品，但是因為價格不斐，所以經常捨棄不用（還能換點錢回來？），如果只是看顏色，也能改用不鏽鋼金屬線。不鏽鋼金屬線因為長，所以能捲成一圈一圈像蚊香那樣，然後充分浸泡在溶有金屬鹽的溶液裡，火焰的顯色部分也因此變大，所以非常容易觀察（這一點很厲害！）。

再說，最近不只本生燈，小型實驗用噴燈也經常被運用。和酒精燈大小相同的小型實驗用噴燈，因為也能使用瓦斯爐用的瓦斯，所以非常方便。

CHAPTER

進行觀察的夥伴

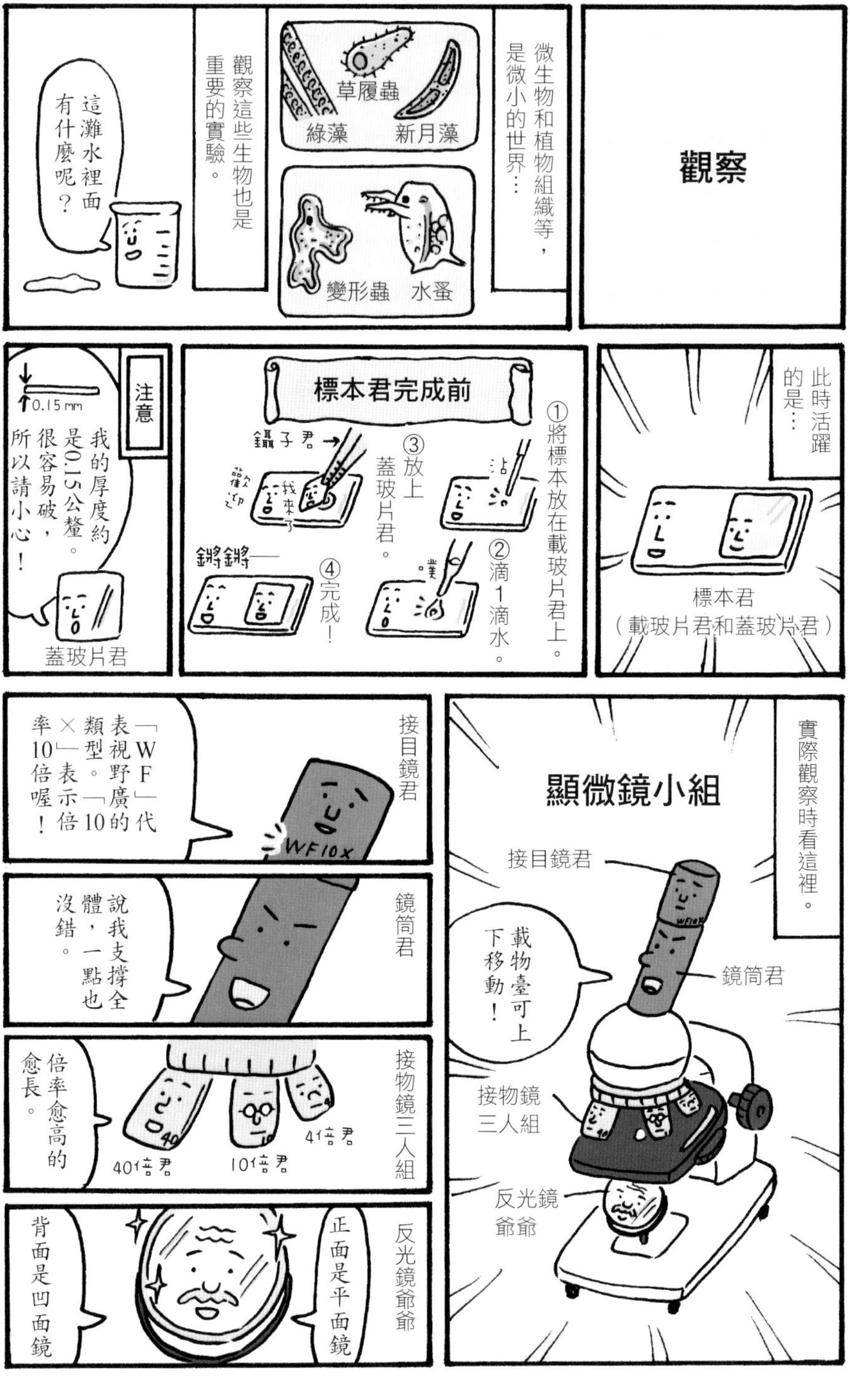

觀察

微生物和植物組織等，是微小的世界…

草履蟲
綠藻
新月藻
變形蟲
水蚤

觀察這些生物也是重要的實驗。

這灘水裡面有什麼呢？

此時活躍的是…

標本君
（載玻片君和蓋玻片君）

標本君完成前

①將標本放在載玻片君上。

沾

②滴1滴水。

噗

③放上蓋玻片君。

鑷子君

歡迎

我來了

④完成！

鏘鏘──

注意

0.15mm

我的厚度約是0.15公釐。很容易破，所以請小心！

蓋玻片君

實際觀察時看這裡。

顯微鏡小組

接目鏡君

鏡筒君

載物臺可上下移動！

接物鏡三人組

反光鏡爺爺

接目鏡君

「WF」代表視野廣的類型。「10×」表示倍率10倍喔！

WF10X

鏡筒君

說我支撐全體，一點也沒錯。

接物鏡三人組

倍率愈高的愈長。

40倍君
10倍君
4倍君

反光鏡爺爺

正面是平面鏡

背面是凹面鏡

注意

①不能直射陽光。

好刺眼

②更換透鏡時要先換接目鏡，再換接物鏡。

先

防止灰塵掉入！

後

③別讓標本和接物鏡碰在一起。

太靠近再拿開也OK。

引人注目的舒適顯微鏡生活！

哦！還有這種微生物啊！

提到觀察，也不能忘記這個，

倍率比不上顯微鏡君…

放大鏡君

其他還有這些夥伴。

因為小，所以哪裡都能去。

能和想看的物件保持一定的距離。

攜帶型放大鏡君

折疊式放大鏡君

注意

不可把光線集中在易燃物上。

哈囉

和緩的

濾紙君

嗞嗞

燙

全員集合！

水蚤

吼

標本君（載玻片君和蓋玻片君）

觀察中！

顯微鏡小組

放大鏡君

外出察看各種東西

攜帶型放大鏡君

沒錯

折疊式放大鏡君

操作顯微鏡時，注意裝卸接物鏡的動作。除了用單手俐落的又拿又轉外，先以用慣用手抓住，再用另一隻手的食指和中指挾起並且輕輕的把它旋進去……這是別人教我的。或許有人會想是不是過度小心了，但事實上，只是在堅硬的桌上放一枚硬幣就可能出亂子。尤其高倍率用的接物鏡是由十幾片直徑1～2公分的高價小型透鏡，以微米為單位的精度、平行排列組合而成的，是絕對不能粗心對待的精密光學儀器。

燒杯君備忘錄

▼**接物鏡愈長，倍率愈高。**

標本君（載玻片君和蓋玻片君）

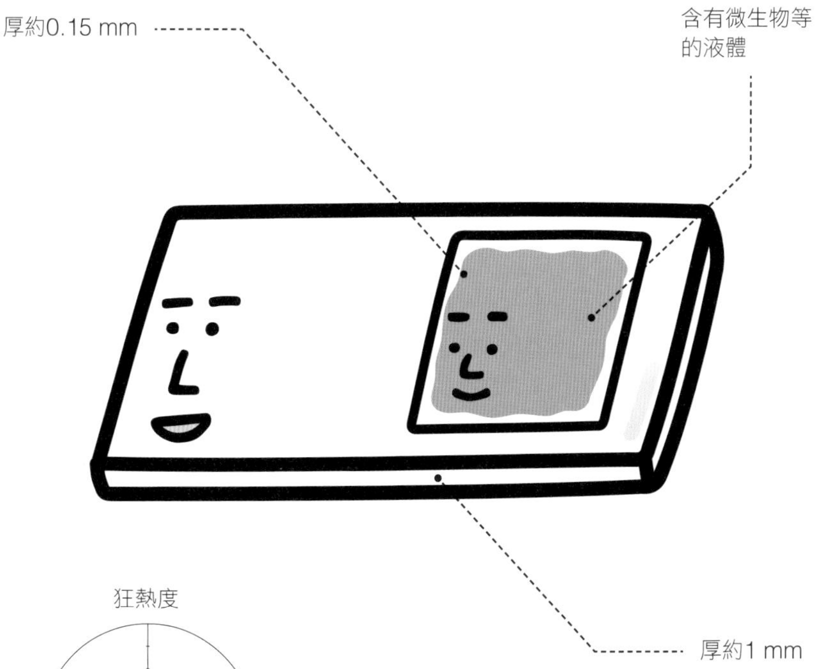

厚約0.15 mm

含有微生物等的液體

厚約1 mm

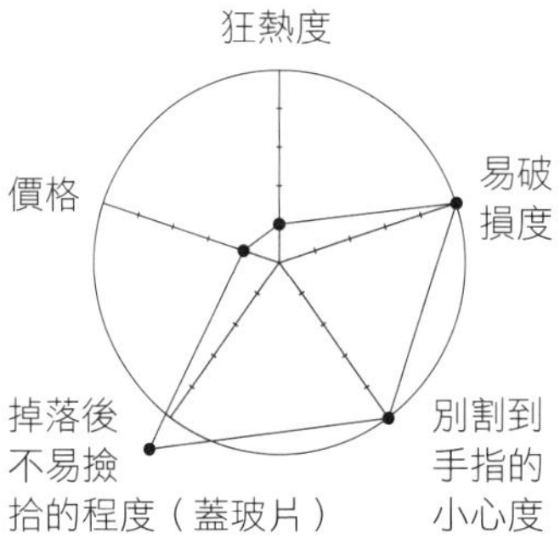

狂熱度

易破損度

別割到手指的小心度

掉落後不易撿拾的程度（蓋玻片）

價格

正式名稱　載玻片、蓋玻片（slide glass、cover glass）

擅長技能　使微生物等透過顯微鏡變得可觀察到。

個性特色　意志堅強的載玻片君和自有定見的蓋玻片君。

顯微鏡小組

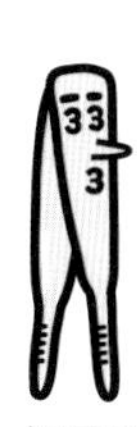

鑷子君

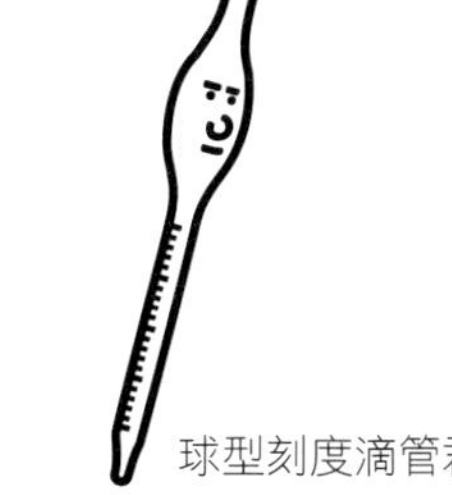

球型刻度滴管君

顯微鏡小組

正式名稱 光學顯微鏡（light microscope）

擅長技能 放大後再觀察。

個性特色 有心的話，可以發揮驚人的團隊力量。

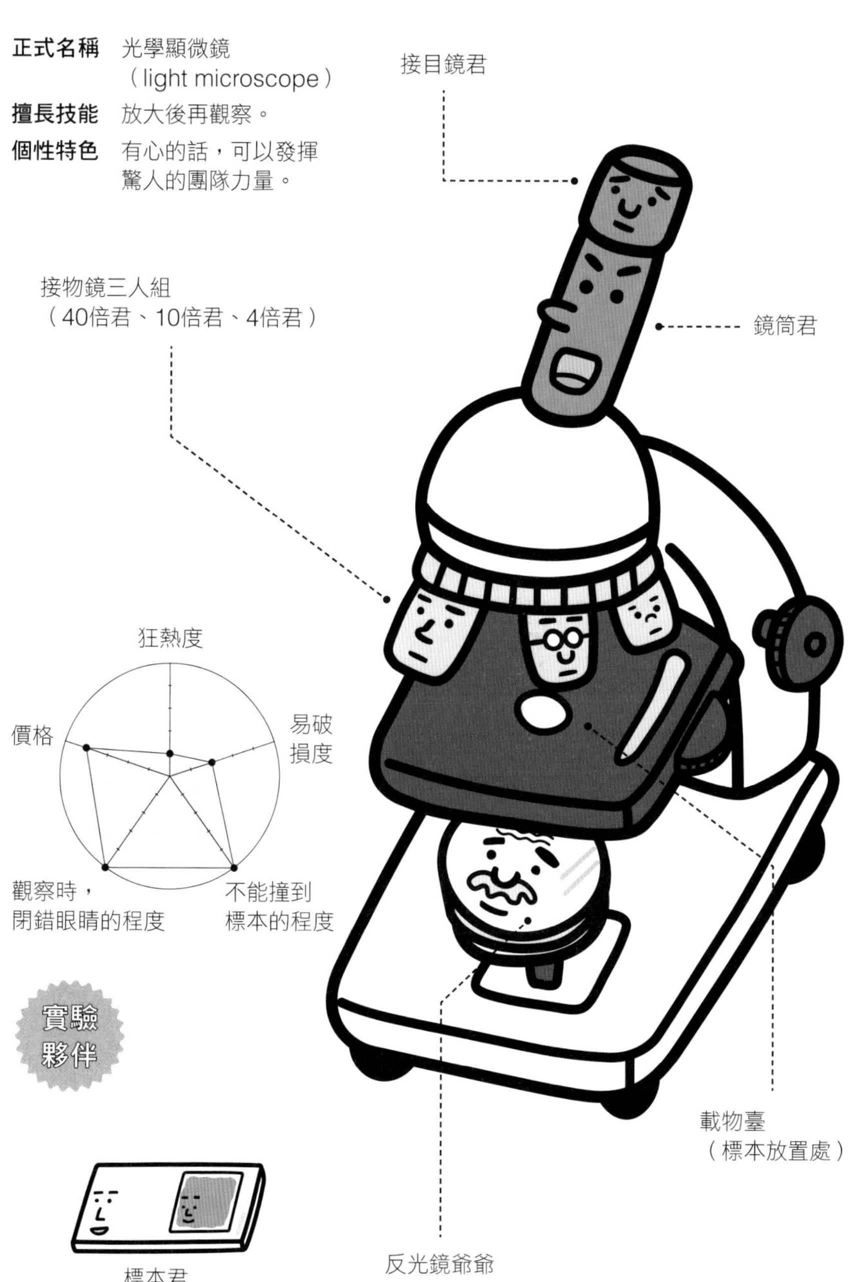

成為標本君前的那條路

實驗室

好像全員到齊了。

……

觀察用的液體也準備OK。

請觀察

首先拜託球型刻度滴管君。

OK!

噗

謝謝!

接下來換蓋玻片君出場~

OK!

鑷子君拜託了!帶我走~

嘰

……

哇

嘶——

啊

啪

咻

好痛!

摔在地上了,好過分~

啪搭

嘰

怎麼了?

喀

喀

喀

拿不起來!

喂,快點

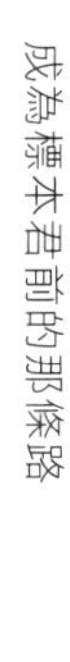

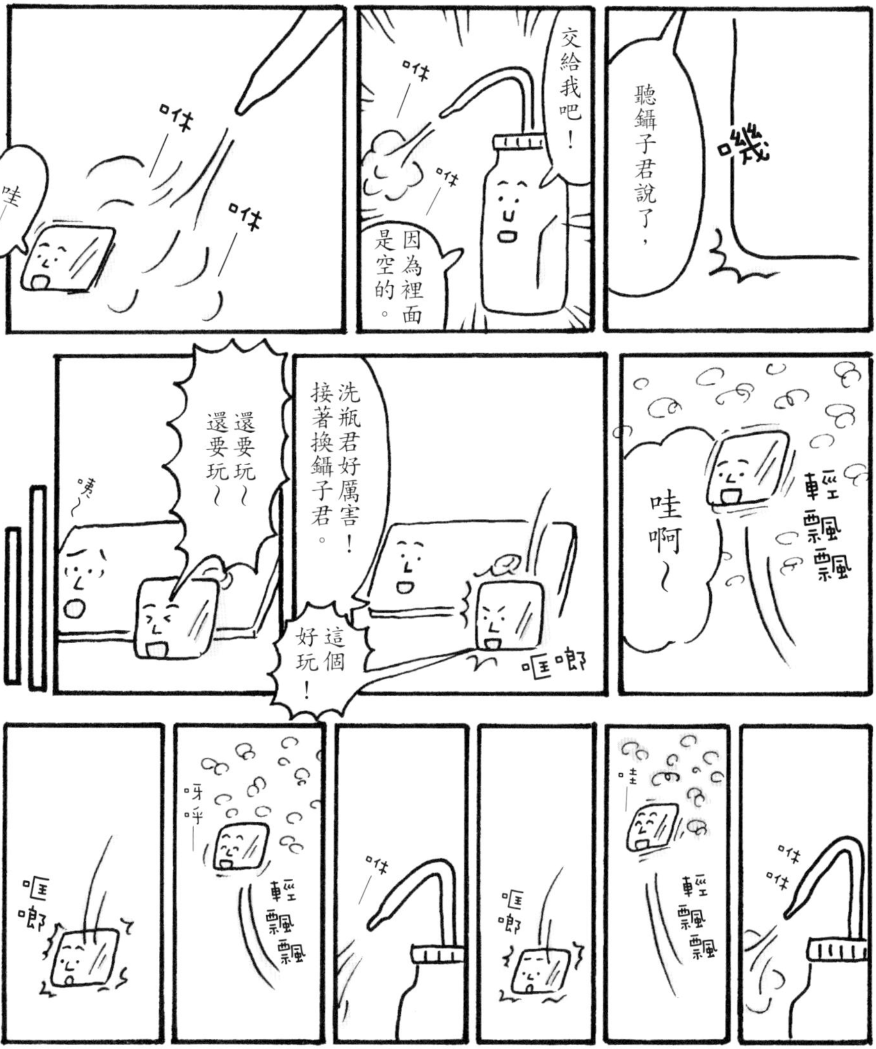

聽鑷子君說了，

嘰

交給我吧！

咻

咻

因為裡面是空的。

咻

咻

哇~

哇啊~

輕飄飄

洗瓶君好厲害！接著換鑷子君。

這個好玩！

哐啷

還要玩~還要玩~

噢~

咻

咻

輕飄飄

哇~

哐啷

咻

呀呼~

輕飄飄

哐啷

燒杯君備忘錄

▼蓋玻片君容易破，所以要小心！

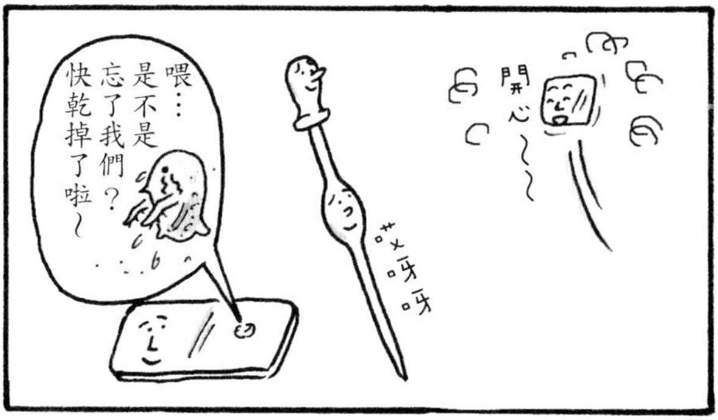

開心~~

喂…是不是忘了我們？快乾掉了啦~

茲呀呀

放大鏡君

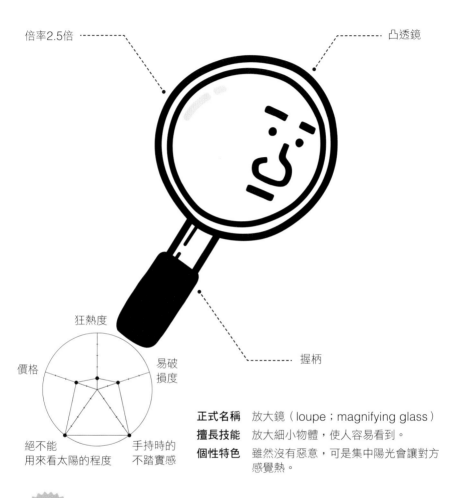

倍率2.5倍

凸透鏡

握柄

狂熱度

價格

易破損度

絕不能用來看太陽的程度

手持時的不踏實感

正式名稱 放大鏡（loupe；magnifying glass）

擅長技能 放大細小物體，使人容易看到。

個性特色 雖然沒有惡意，可是集中陽光會讓對方感覺熱。

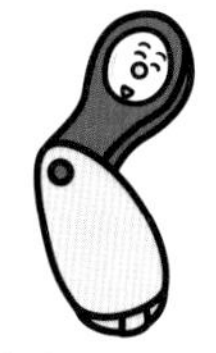
攜帶型放大鏡君

折疊式放大鏡君

攜帶型放大鏡君

正式名稱　攜帶型放大鏡（feeding loupe）

擅長技能　造型輕巧，鏡片不易受損。

個性特色　非常喜歡外出，屬於戶外型。

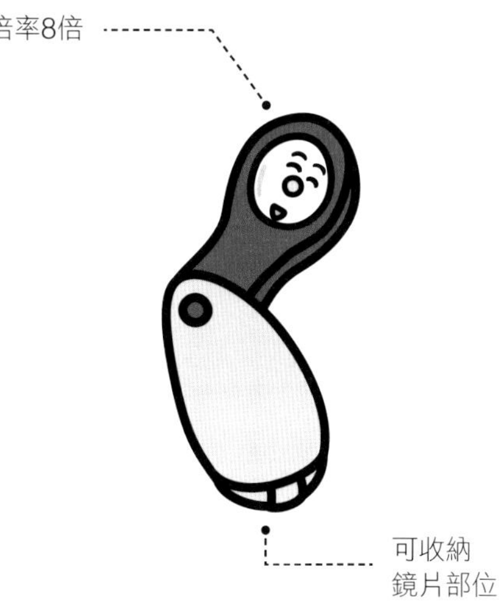

折疊式放大鏡君

正式名稱　折疊式放大鏡（folding loupe）

擅長技能　在固定距離下觀察物品。

個性特色　不喜歡外出，屬於居家型。

COLUMN
08

在科學與藝術中活躍的透鏡

眾所周知的，約在17世紀初左右，伽利略（Galileo Galilei）將望遠鏡朝向夜空，從而發現了一些推翻天動說的證據。但很少人知道，伽利略也進行了顯微鏡的觀察（可能是因為伽利略當時和羅馬教會之間產生激烈的爭辯，所以才不積極進行顯微鏡觀察）。

顯微鏡是在16世紀末期，由荷蘭眼鏡工匠詹森父子發明的，問世初期是一種珍貴的流行玩具。到了17世紀後半，顯微鏡已和顛覆常識的發現產生了關聯。其中一例是英國科學家虎克（Robert Hooke）透過顯微鏡觀察軟木塞，發現生物是由細胞組成的。接著另一個例子是荷蘭科學家雷文霍克（Antoni van Leeuwenhoek）利用顯微鏡發現微生物和精子。

虎克所使用的顯微鏡和現代的構造相似，是利用接目鏡來放大接物鏡中的影像。此外，雷文霍克使用的顯微鏡屬於「單式顯微鏡」，觀察用的放大鏡像是一顆小玻璃珠那樣。雷文霍克製作顯微鏡的技術優越，畢生製作了約500臺顯微鏡，據說最高倍率甚至達到300倍。以放大鏡來說，是超乎想像的高性能（因為即使是今天的高性能放大鏡，也只有30倍左右……）。

雷文霍克原本不是研究人員，是商人。話雖如此，當時在英國皇家學院有重要地位的虎克，感念雷文霍克的研究，力挺他成為皇家學院的會員。此外，雷文霍克也和很受歡迎的荷蘭畫家維梅爾（Johannes Vermeer）來往，維梅爾的若干作品被認為是以雷文霍克為模特兒所畫的。一般認為，維梅爾也使用了透鏡做為繪圖工具（相機暗箱）。仔細想想，透鏡的發明真了不起。

CHAPTER

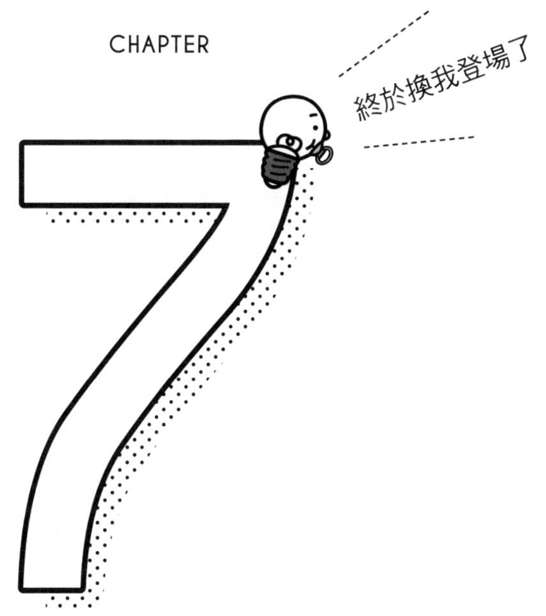

電力與磁力的夥伴

電力與磁力

許多實驗器材成員都在前面登場了，可是還有和…
電力
及磁力
有關的成員。
劈啪
劈啪
嗶嗶嗶

首先介紹和電力有關的成員。
劈啪
劈啪
轟隆
我是玻璃的，沒事！

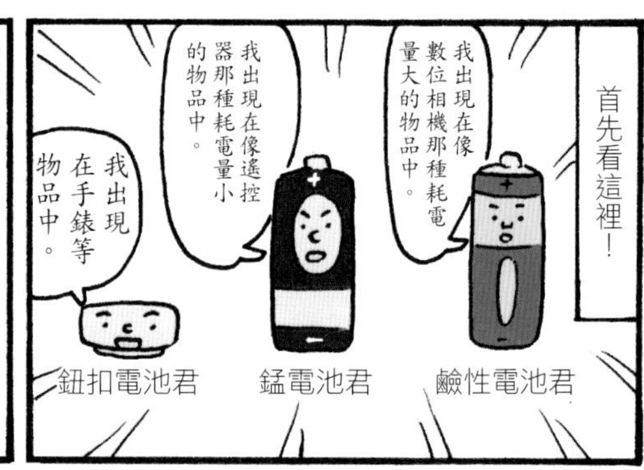
首先看這裡！
我出現在像數位相機那種耗電量大的物品中。
我出現在像遙控器那種耗電量小的物品中。
我出現在手錶等物品中。
鹼性電池君
錳電池君
鈕扣電池君

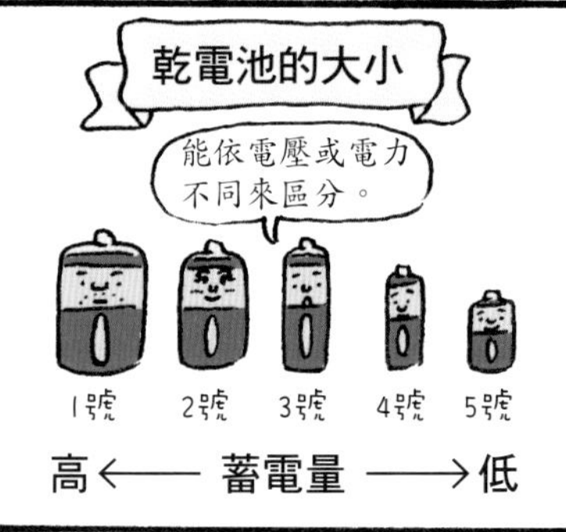
乾電池的大小
能依電壓或電力不同來區分。
1號
2號
3號
4號
5號
高← 蓄電量 →低

到底電池的構造是什麼樣子呢？

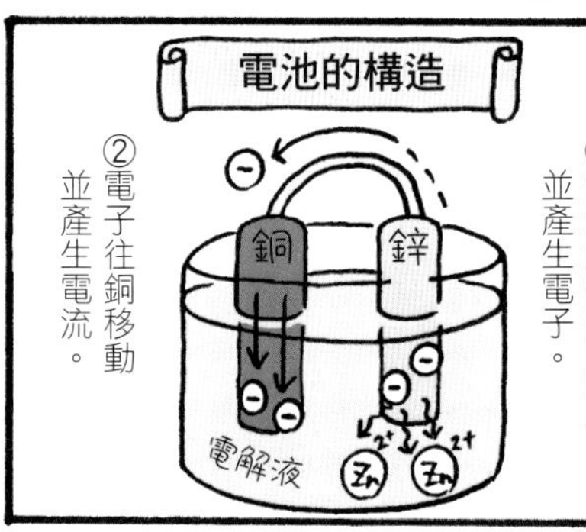
電池的構造
①鋅溶解後變成離子並產生電子。
②電子往銅移動並產生電流。
銅
鋅
電解液

這種構造固體化以後，再縮小就成了乾電池。
詳情參閱專書…

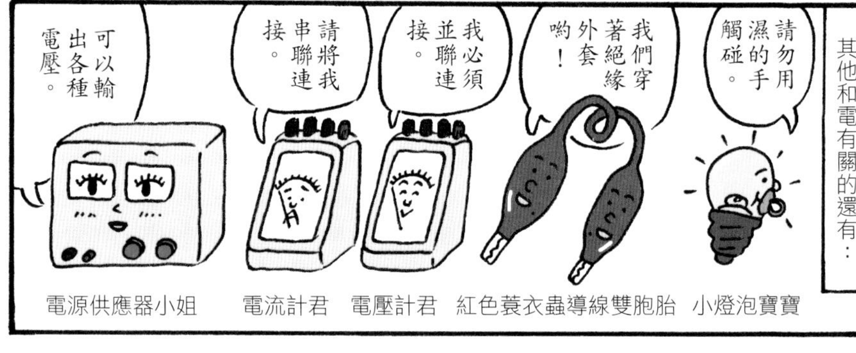
其他和電有關的還有：
請勿用濕的手觸碰。
我們穿著絕緣外套喲！
我必須並聯連接。
請將我串聯連接。
可以輸出各種電壓。
小燈泡寶寶
紅色蓑衣蟲導線雙胞胎
電壓計君
電流計君
電源供應器小姐

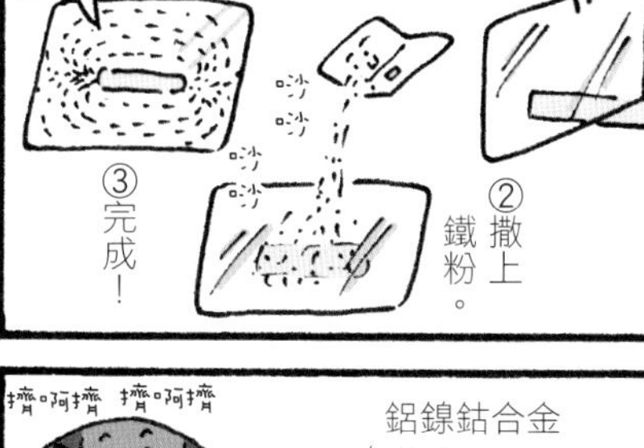

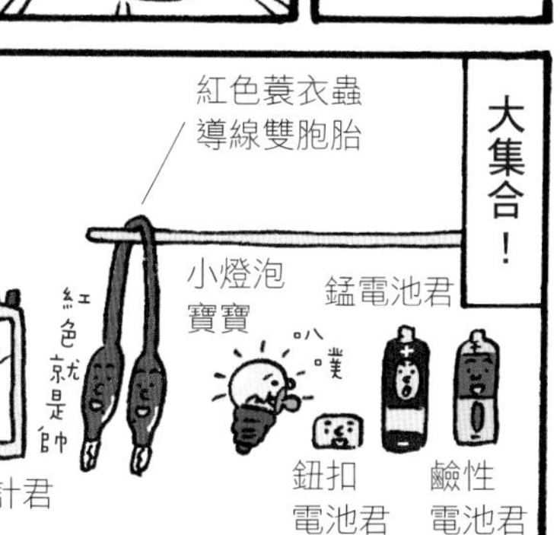
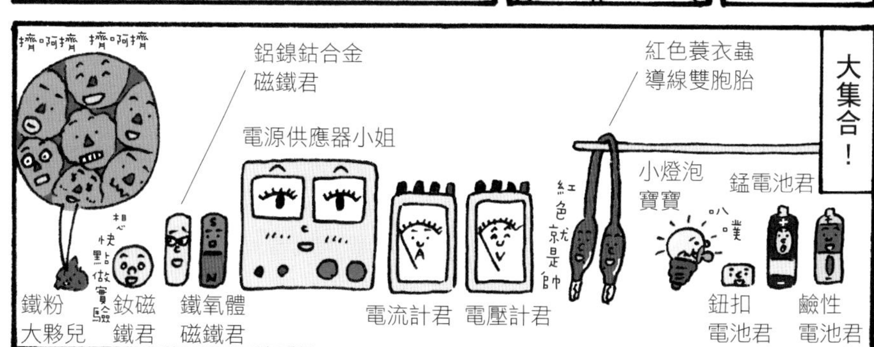

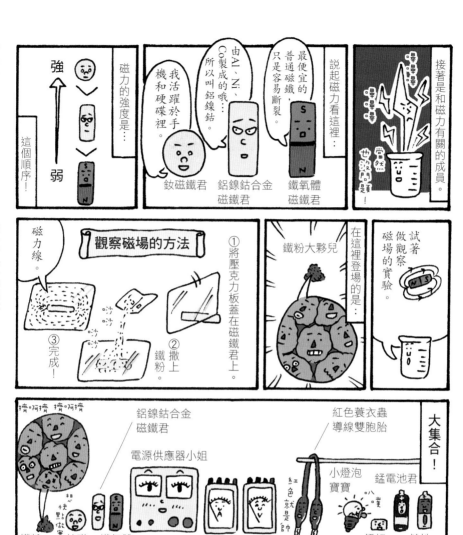

蓑衣蟲導線雙胞胎在臺灣的名稱是雙頭鱷魚夾導線，在日本被叫蓑衣蟲，或許是因為包覆著鋸齒狀金屬夾的絕緣套很像蓑蛾的幼蟲，也就是「蓑衣蟲」的睡袋吧！然而，使用這種有絕緣套的導線，無法在使用後將溶液等擦拭乾淨，夾具經常因此生鏽。常用的紅線和黑線還好，若是久久才使用的綠線或黃線，一段時間才拿出來看，會驚訝的發現全都鏽蝕了……。價錢高一點的鍍金線不容易鏽蝕，相較之下還挺划算的。

燒杯君備忘錄

▼電子移動時，就會產生電流。

鈕扣電池君、錳電池君、鹼性電池君

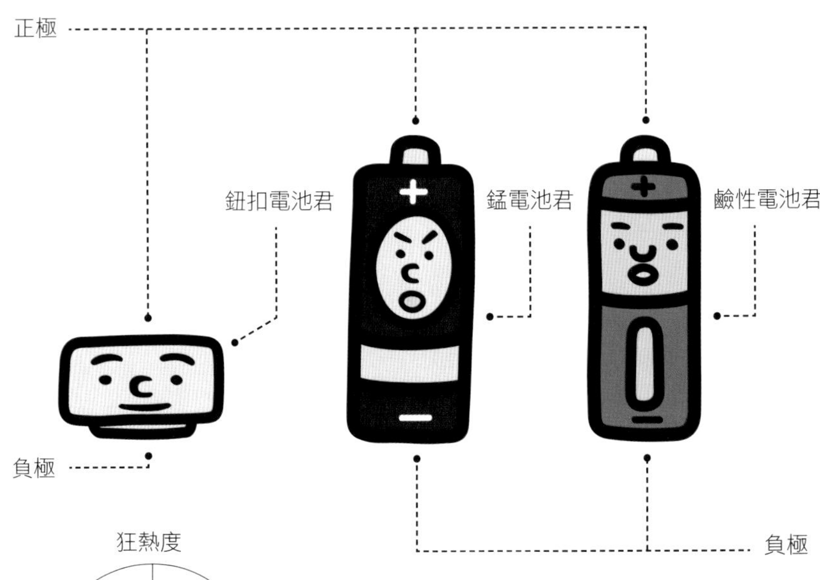

正式名稱 乾電池（dry battery）

擅長技能 產生電流。

個性特色 錳電池君和鹼性電池君是互動良好的對手。

實驗夥伴

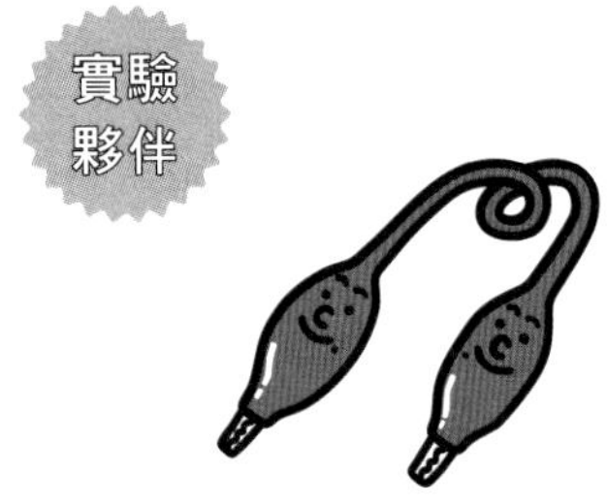
紅色蓑衣蟲導線雙胞胎

小燈泡寶寶

電流計君和電壓計君

電流計君和電壓計君

正式名稱 電流計、電壓計（ammeter、voltmeter）

擅長技能 量測電流或電壓的大小。

個性特色 電流計君總是一副困惑的臉。電壓計君經常笑嘻嘻的。

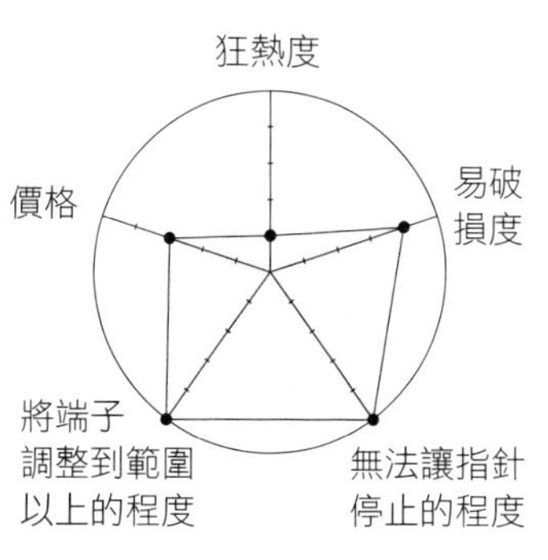

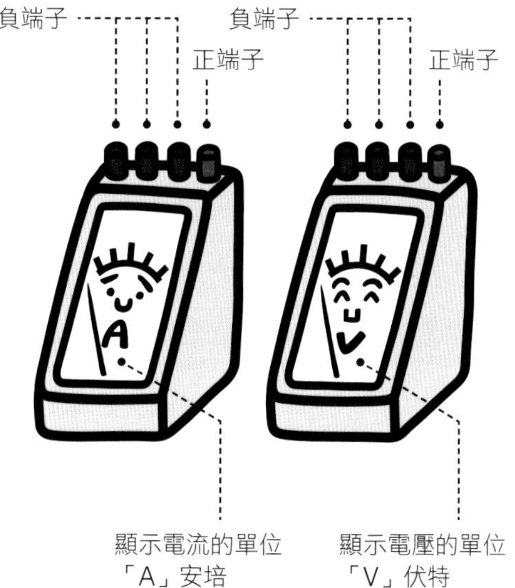

電源供應器小姐

正式名稱 電源供應器（folding loupe）

擅長技能 調整電流或電壓。

個性特色 就像是電流計和電壓計君的姊姊。

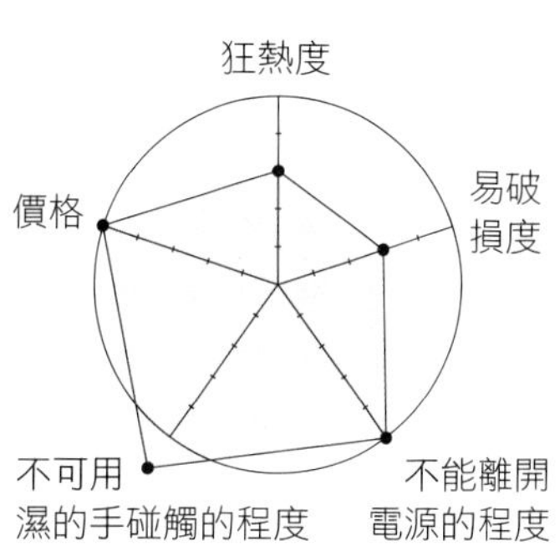

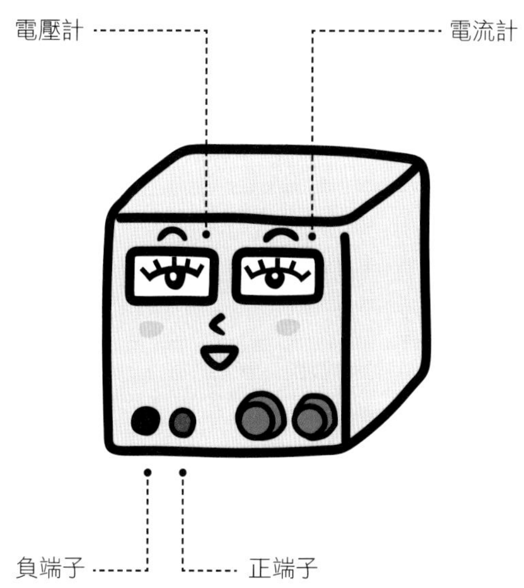

小燈泡寶寶

正式名稱 小燈泡
（miniature bulb）

擅長技能 發光。

個性特色 因為還是嬰兒，所以字尾是「寶寶」。

紅色蓑衣蟲導線雙胞胎

正式名稱 附導線的蓑衣蟲夾；雙頭鱷魚夾導線
（basket worm lead）

擅長技能 讓電流通過。

個性特色 不論到哪裡總在一起的哥倆好雙胞胎。

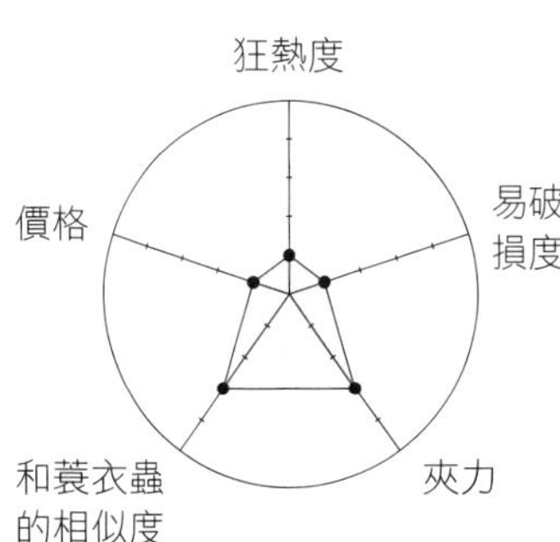

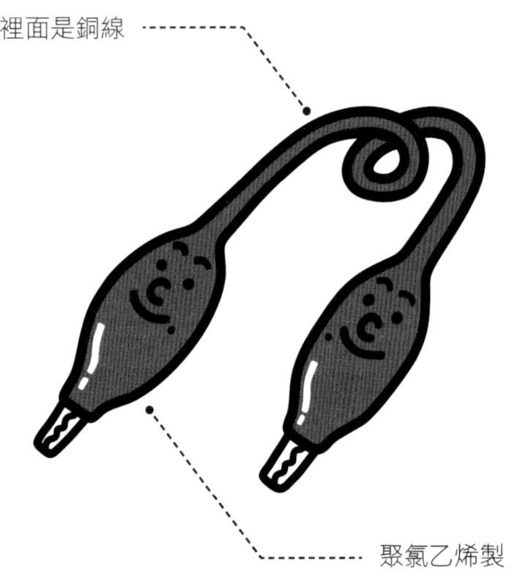

釹磁鐵君、鋁鎳鈷合金磁鐵君、鐵氧體磁鐵君

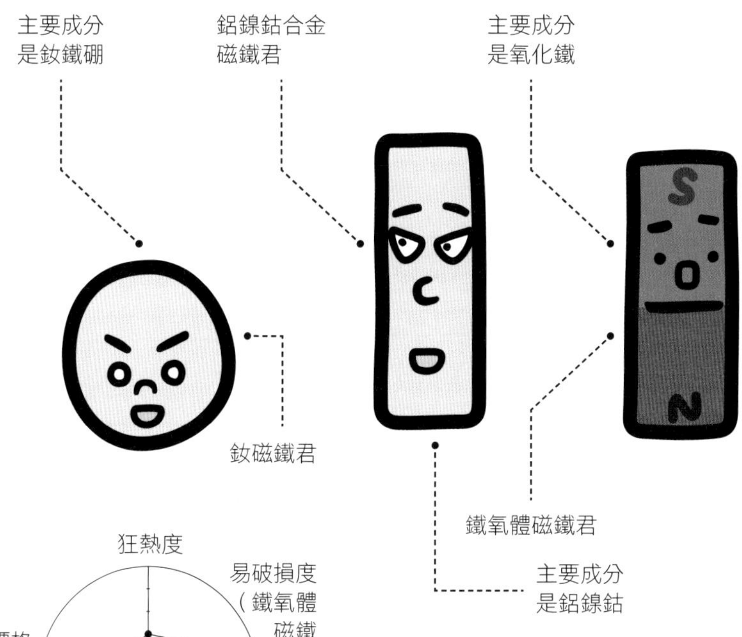

狂熱度
易破損度（鐵氧體磁鐵君）
價格
注意手指被夾的程度（釹磁鐵君）
無法靠近精密儀器的程度

正式名稱 釹磁鐵、鋁鎳鈷合金磁鐵、鐵氧體磁鐵（neodymium magnet、alnico magnet、ferrite magnet）

擅長技能 吸住部分金屬。

個性特色 其他二人忍住不被具最強磁力的釹磁鐵君給吸走。

鐵粉大夥兒

羅盤大叔

燒杯君備忘錄

▼釹磁鐵君的磁力非常強。

鐵粉大夥兒

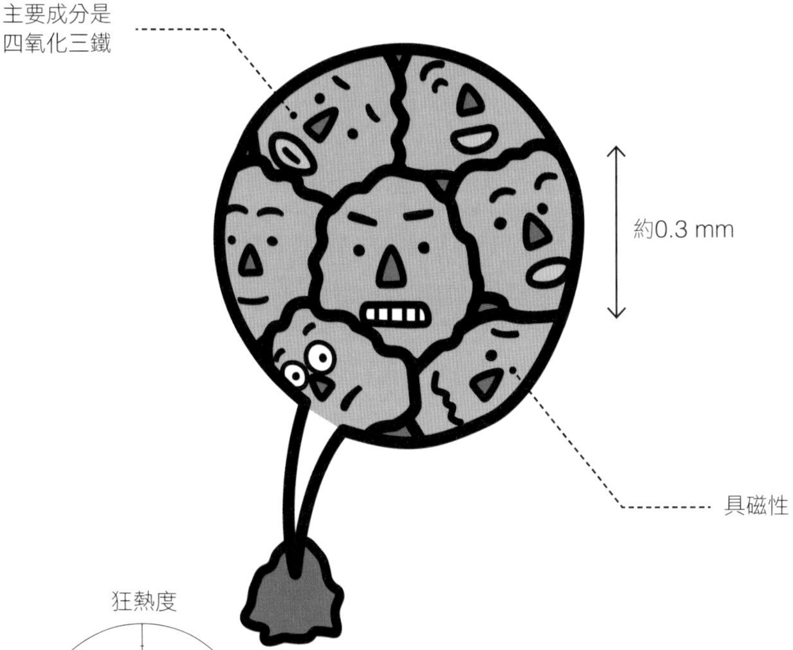

主要成分是
四氧化三鐵

約0.3 mm

具磁性

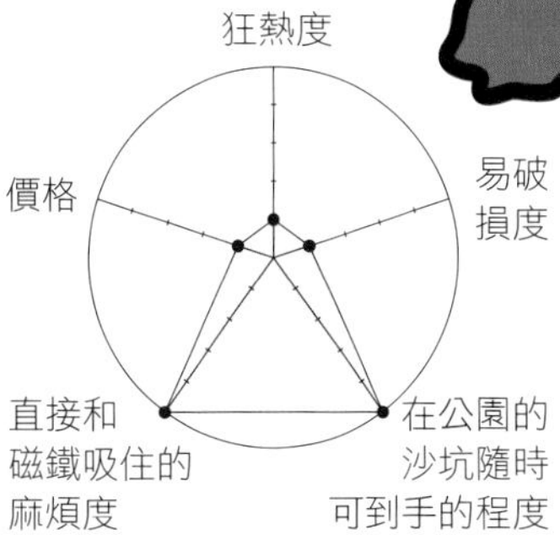

狂熱度

易破
損度

在公園的
沙坑隨時
可到手的程度

直接和
磁鐵吸住的
麻煩度

價格

正式名稱　鐵粉（iron sand）

擅長技能　讓磁力線顯現。

個性特色　受磁鐵君們擺弄，偶爾亂了陣腳。

釹磁鐵君

鋁鎳鈷合金磁鐵君

鐵氧體磁鐵君

COLUMN
09

世界最強的釹磁鐵

磁鐵遠在距今5000年前的古希臘就被發現了，當時的人們認為磁鐵是天然就具有磁力的礦物……也就是磁鐵礦。後來隨著磁鐵的研究發展，19世紀前半葉，人們發明電磁鐵以後，一種把鋼轉變成磁鐵的技術（磁化）也應運而生。而小學實驗使用的磁鐵棒和馬蹄型磁鐵，多半就是利用這個方法所製成的。

後來，被當做磁鐵的物質（強磁力體）和磁力更強的磁鐵，掀起全球性的開發與競爭。其中在前端競逐的，事實上就是日本。1917年，本多光太郎等人發明KS鋼，接著到1970年代，各種嶄新的磁鐵更陸續被人們發明，例如：三島德七的MK鋼、加藤與五郎和武井武的鐵氧體磁鐵、東北大學研究小組的鐵鉻鈷磁鐵、松下電器產業（今Panasonic）的錳鋁磁鐵等等。1982年，當時轉到日本住友特殊金屬繼續研究的佐川真人，發明了「釹磁鐵」。即使在今天，釹磁鐵仍被視為永久磁鐵（不是電磁鐵的磁鐵）中最強磁力的磁鐵。

從名稱可知，最初是鋼的磁鐵，又從鐵氧體磁鐵再轉變成完全不同的材料。鐵氧體雖然含鐵，但因為是燒結了氧化鐵、鋇、鍶等材料而成，所以說到底，鐵氧體是接近花盆的那種陶瓷材料。後來的強力磁鐵也是利用類似的製作方法，燒結各種材料所製成的。近來磁鐵產品品質不見提升，鐵氧體磁鐵和釹磁鐵一旦強烈碰撞，會像飯碗一樣應聲破裂。若果真如此，慌張之餘會想用三秒膠來黏合。不論你是不是想這麼做，由於磁鐵容易吸在一起，所以還是在實驗中小心使用吧！

CHAPTER

實驗室的支援者們

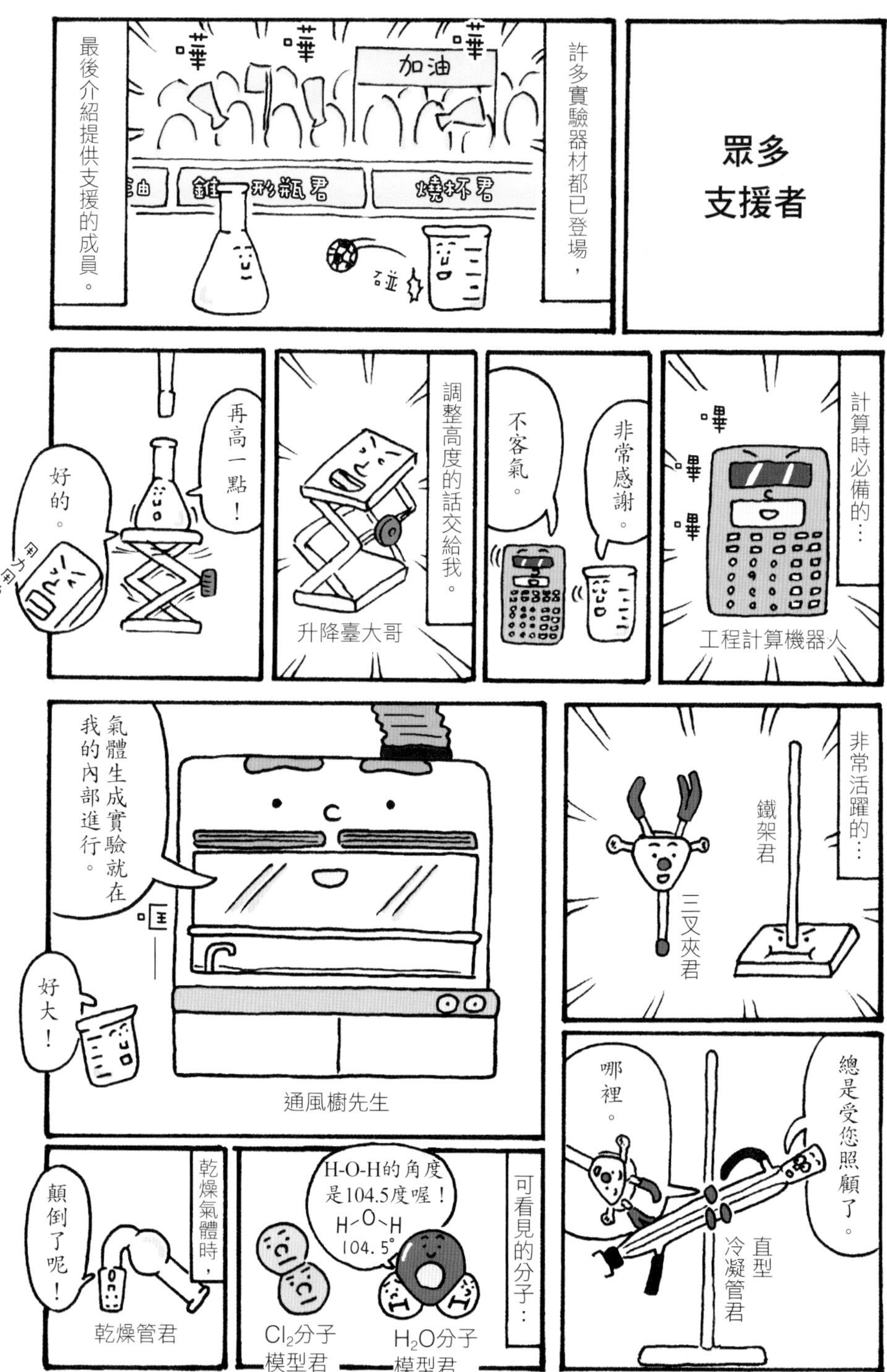
眾多支援者
許多實驗器材都已登場，
最後介紹提供支援的成員。
嘩
嘩
嘩
加油
錐形瓶君
燒杯君
碰
計算時必備的…
嗶
嗶
嗶
工程計算機器人
非常感謝。
不客氣。
調整高度的話交給我。
升降臺大哥
再高一點！
好的。
用力用力
非常活躍的…
鐵架君
三叉夾君
氣體生成實驗就在我的內部進行。
喔—
好大！
通風櫥先生
總是受您照顧了。
哪裡。
直型冷凝管君
可看見的分子…
H-O-H的角度是104.5度喔！
H-O-H 104.5°
Cl_2分子模型君
H_2O分子模型君
乾燥氣體時，
顛倒了呢！
乾燥管君

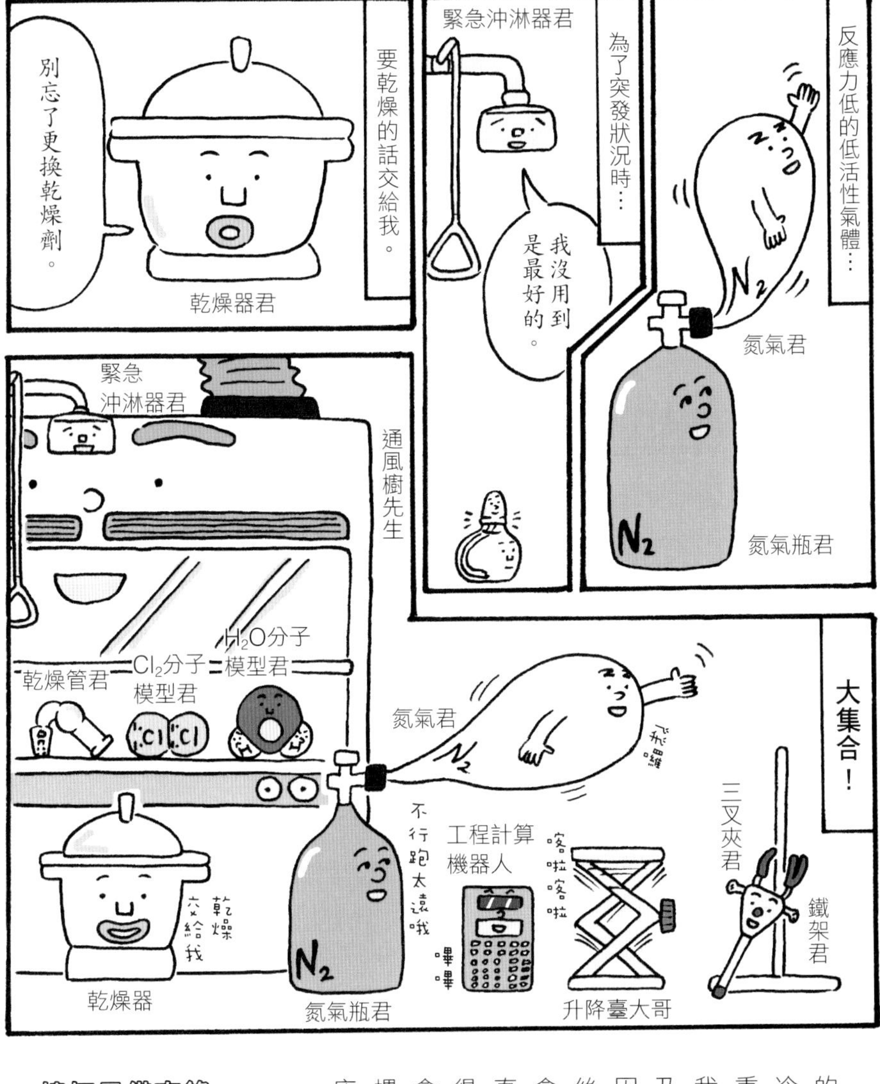

鐵架是實驗室裡非常活躍的器材，它可以固定燒瓶或冷凝管等。除了堅固之外，重量讓鐵架看起來很穩。但我們經常可以看到支柱搖晃乃至不堪使用的鐵架，這是因為鎖在支柱和底座間的螺絲損壞的緣故。螺絲之所以會損壞，多半是因為搬運時直接抓著支柱，雖然鐵架做得很堅固，可是搬運時經常會搖晃，若晃動得太厲害，螺牙會受損。請小心托著底座搬運吧！

燒杯君備忘錄

▼氮氣君就是低活性氣體。

氮氣瓶君和氮氣君

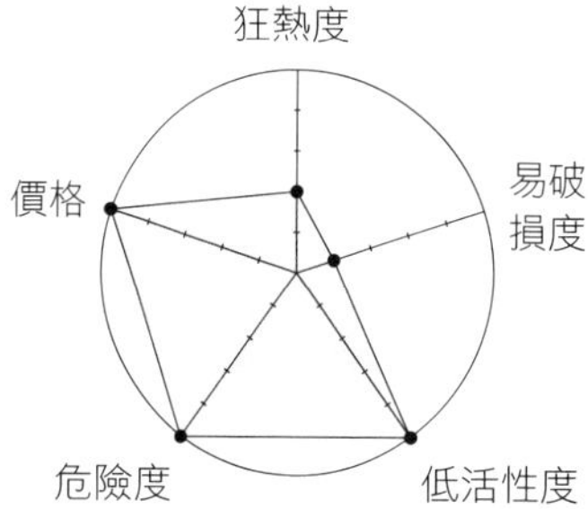

在日本，氮氣瓶的
法定顏色是灰色

甚至比空氣
還輕

狂熱度
易破損度
低活性度
危險度
價格

正式名稱 氮氣瓶、氮氣（nitrogen gas cylinder、nitrogen gas）

擅長技能 趕走某空間中的氧氣等，以營造低活性狀態。

個性特色 氮氣君的眉毛呈「N」字型。

實驗夥伴

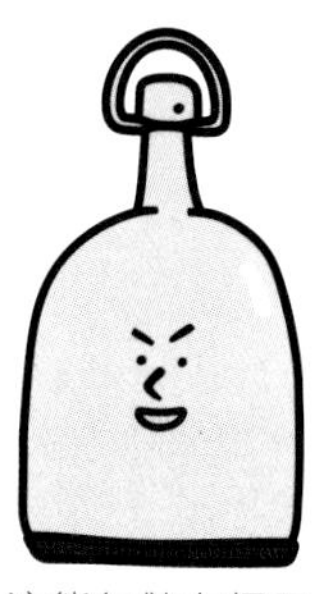

液態氮儲存桶君

液態氮君

鐵架君

正式名稱　鐵架（experimental stand）

擅長技能　固定夾具。

個性特色　深獲三叉夾君的信任。

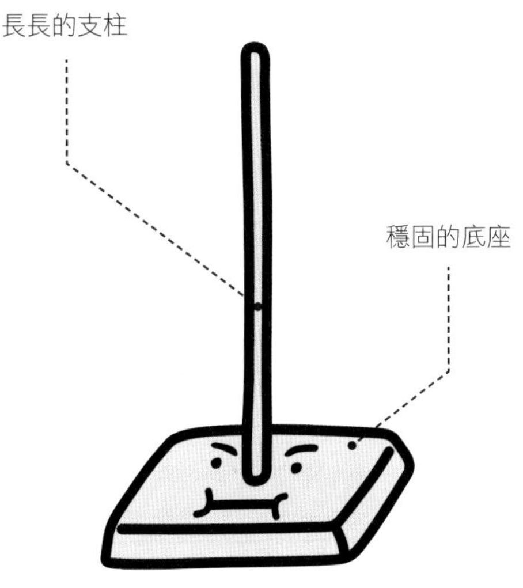

三叉夾君

正式名稱　三叉夾（three prong clamp）

擅長技能　將器材固定在各種高度上。

個性特色　始終受冷凝管君或燒瓶君等的感謝。

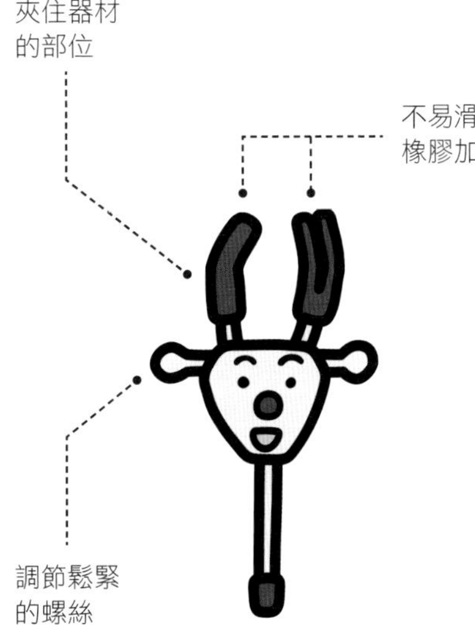

通風櫥先生

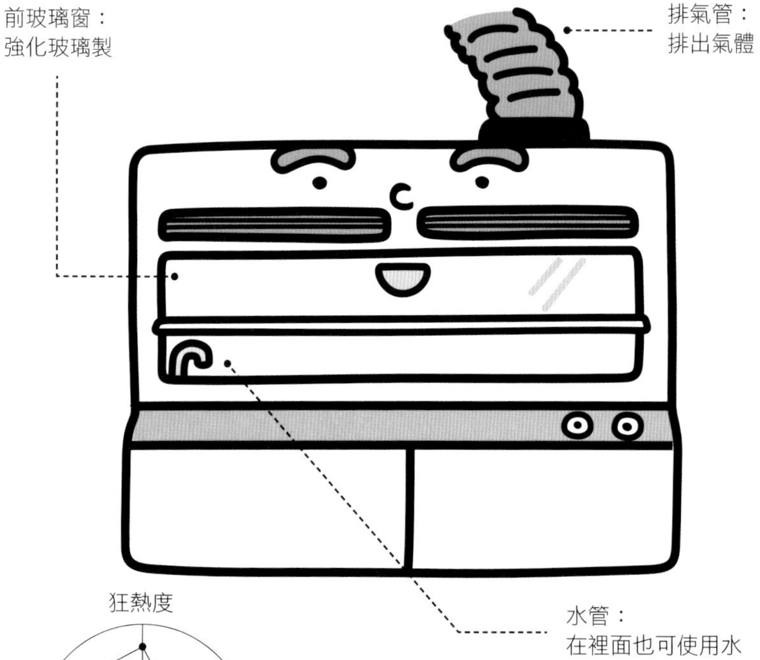

前玻璃窗：
強化玻璃製

排氣管：
排出氣體

水管：
在裡面也可使用水

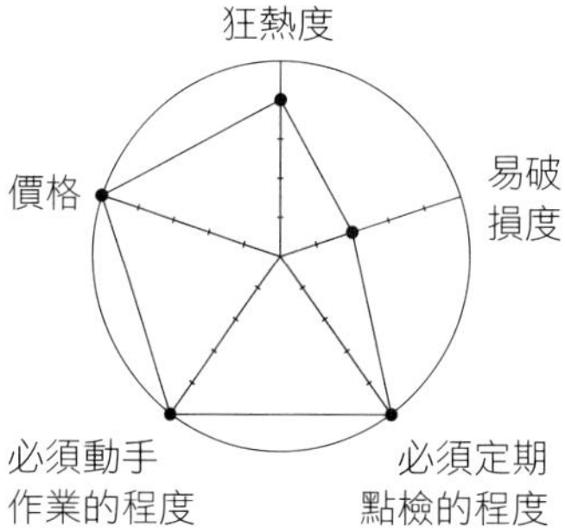

狂熱度

易破
損度

必須定期
點檢的程度

必須動手
作業的程度

價格

正式名稱 通風櫥；抽氣櫃
（fume hood；draft chamber）

擅長技能 排放有害氣體。

個性特色 不只體型大、態度也大器。

燒杯君

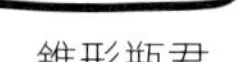

錐形瓶君

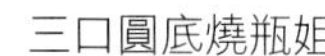

三口圓底燒瓶姐

滴液漏斗大哥

H_2O分子模型君

正式名稱 水分子模型（water molecular model）

擅長技能 顯示水分子的構造。

個性特色 氧君是想什麼說什麼，兩個氫君則都成熟穩重。

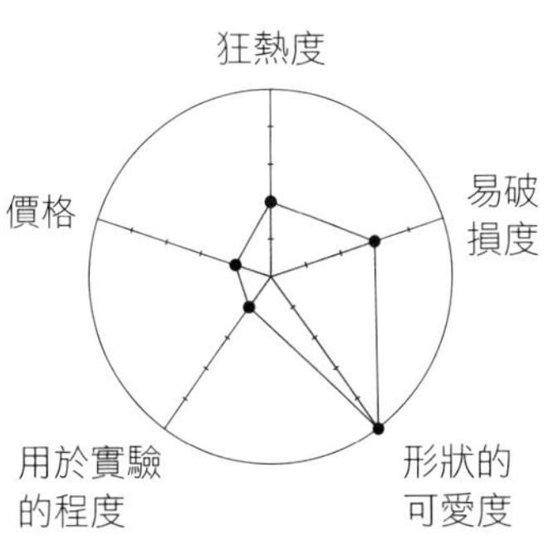

Cl_2分子模型君

正式名稱 氯分子模型（chlorine molecular model）

擅長技能 顯示氯的分子構造。

個性特色 少有話聊，但兩人氣味相投。

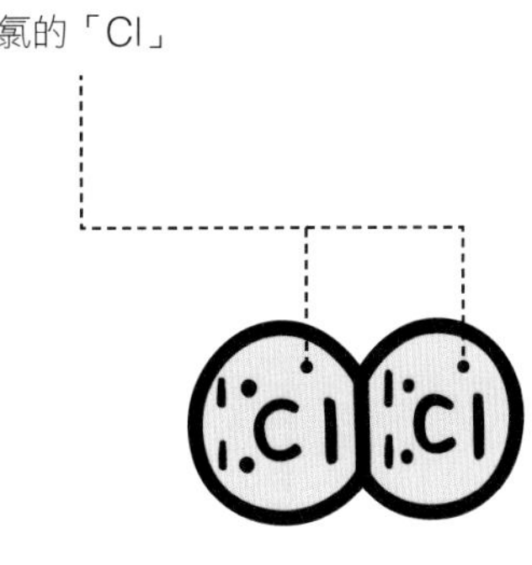

尋找 真正的水

實驗室
氫君們，不會想進入真正的水裡嗎？
嗯…
還是想試著在水裡游泳呢～
嗯…
好
決定了！
往找水的旅程，
出發！

就這樣，水分子模型君展開了探索水的旅程…
啊！
發現水龍頭！
哎呀
轉動
啪
嘩啦啦
嘩啦啦
好了。
哇～
嘩啦啦
嘩啦啦
啪啪啪啪啪
啊啊啊啊…
好強好強的水流！

自來水已經不可怕了…
無處可去了…
嗯嗯
吁～吁～
啊，是高型燒杯君
啊！
裝了水！
噗通
噠噠噠噠噠噠噠噠噠噠
咚
咻
咕嚕咕嚕
咦～這是水嗎？
搖搖晃晃

燒杯君備忘錄

▼水和酒精不易用眼睛分辨出來。

升降臺大哥

正式名稱　升降臺
（lab jack）

擅長技能　改變實驗器材的位置。

個性特色　愛笑，總是大聲的笑。

乾燥管君

正式名稱　乾燥管
（drying tube）

擅長技能　裝進氯化鈣等乾燥劑，防止濕氣進入。

個性特色　經常顛倒著臉，本人引以為樂的樣子。

工程計算機器人

正式名稱 工程計算機（scientific calculator）

擅長技能 進行三角函數或對數等各種計算。

個性特色 是機器人，卻有一顆溫柔的心。

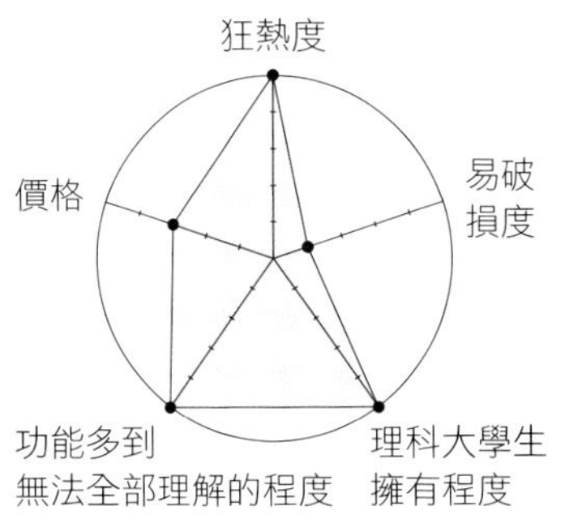

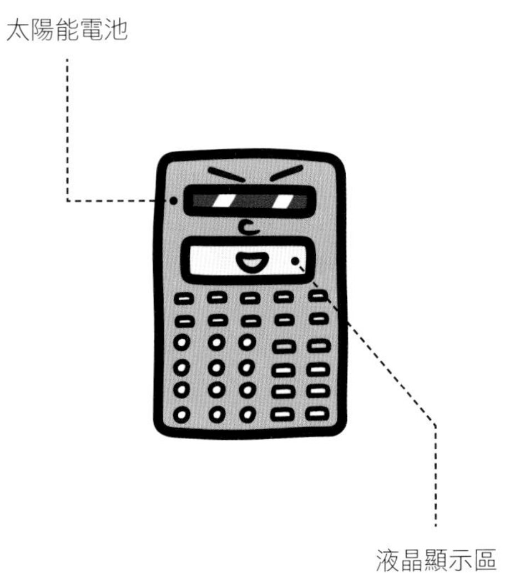

乾燥器君

正式名稱 乾燥器（desiccator）

擅長技能 在乾燥狀態下保存。

個性特色 遲鈍到極點。

緊急沖淋器君

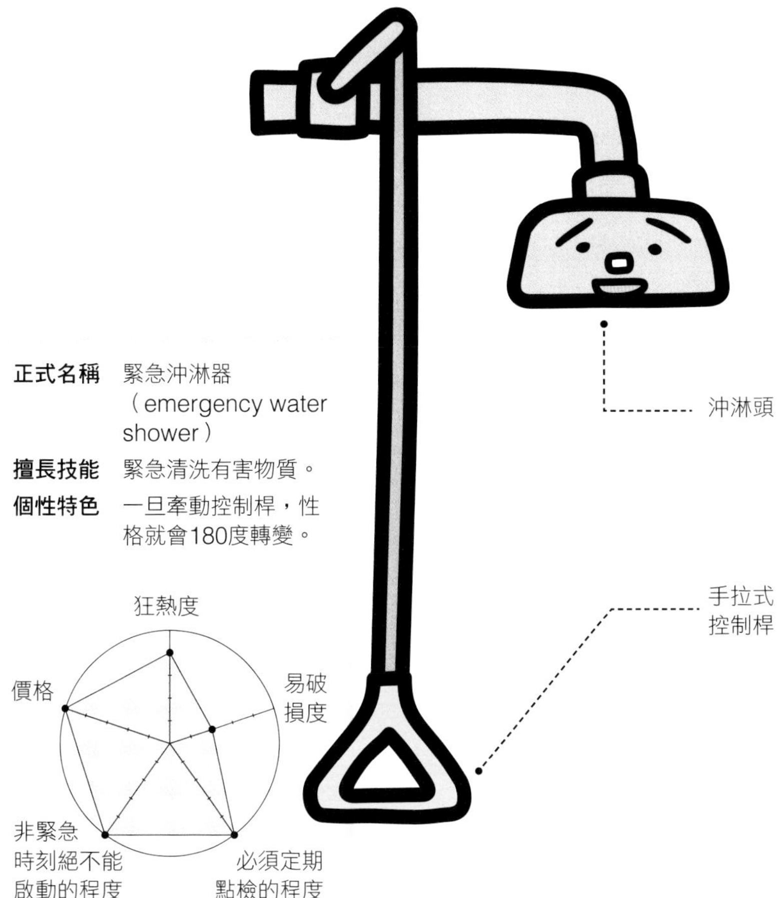

正式名稱 緊急沖淋器（emergency water shower）

擅長技能 緊急清洗有害物質。

個性特色 一旦牽動控制桿，性格就會180度轉變。

實驗室裡最大的器具（或是設備）應該是通風櫥吧！基本上，通風櫥是由壓克力製成，宛如展示櫃一樣的箱子。通風櫥上方裝有強力排氣風扇，除非因為停電導致風扇停止轉動，不然就算通風櫥裡產生有害氣體或有高揮發性物質，都會把這些氣體排出去。

但，某些時候會有這種情形。不和善的學長對正在進行可能產生有毒硫化氫實驗的新人怒斥：「去通風櫥裡做！」於是，聽到訓斥的新人就把實驗器材和藥品搬進通風櫥，同時戴上防護面具然後進入通風櫥。「在通風櫥裡做」不是這個意思啊！（一般只有器材和手會進入而已。）

COLUMN 10

白袍及其十二單物語

實驗衣的基本款，說到底還是白袍。只是白袍有各種款式，有長袖或短袖的，鈕扣也分一排或二排（偉人穿的）。個人喜好使然，有些白袍的袖口是用繩子縛緊或用鈕扣扣住。至於顏色方面也很多樣，化學實驗的實驗衣是白色的，護理師和醫師的實驗衣是粉紅或藍色的，手術用實驗衣甚至不是白色而是綠色的。

題外話，綠色的實驗衣是根據視覺的特性所設計的。當我們一直盯著血液看，血的顏色會映在眼中，讓眼睛所見的純白色變成了紅色的互補色，也就是綠色的殘影（視覺暫留的效果）。這就是為什麼手術的實驗衣要特地做成綠色的緣故。

白袍具有兩大功能。一是防止實驗過程中，使用的藥品弄髒所穿的衣服。另一個功能是萬一藥品飛散，還可以清楚確定藥品是否沾到衣服上（也就是白袍）。因此穿著白袍時基本上是不挽起袖子的，而且像外套那樣打開前扣、敞開式的穿法，對做實驗的人來說並不正確。有人說，整齊的穿上白袍進行查房的醫師看起來很帥，而醫師在處理藥品的時候，也是把白袍前的鈕扣都扣好的（應該吧，也許）。

此外，白袍因為是實驗用衣，所以無法禦寒。另一方面，學校等處的實驗室多半設在地下樓層，所以一到冬天，地板更是冷冰冰的。如果冷得受不了，又沒有毛衣可禦寒（加上同事不在），就隨手借用同事的白袍，多穿一件在身上。如果是非常非常冷的時候，甚至把整個實驗室的白袍都穿在身上。於是，有的實驗室就把這種穿了好幾件白袍的情形稱做「白袍十二單」，此稱呼源自日本平安時代，貴族女性「十二單」的穿著（由12件衣服組成）。但，這也可能是實驗尚未完成的證據，被這麼叫其實一點也不光彩和高雅（汗）。

附錄

人物關係圖

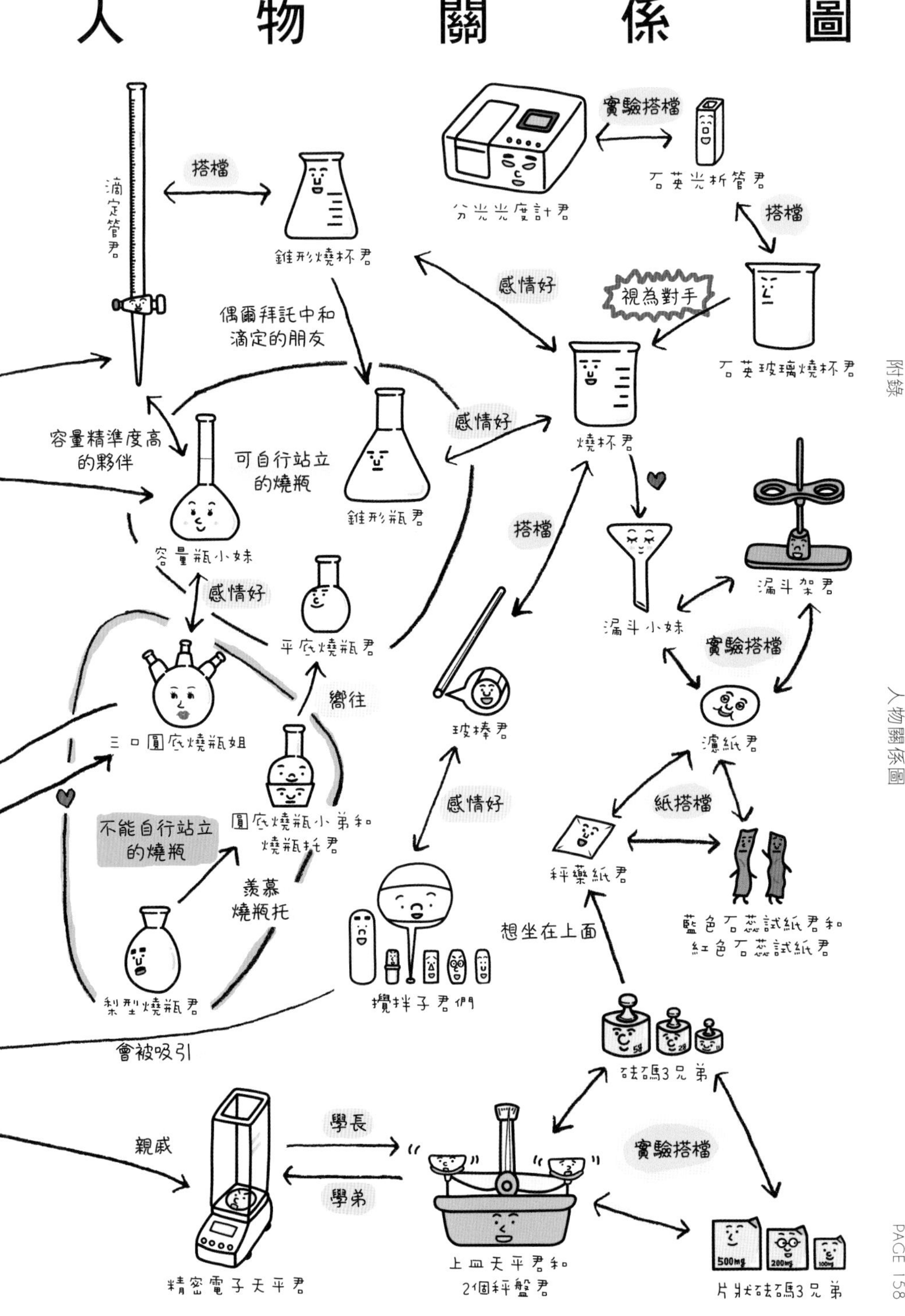

滴定管君
搭檔
錐形燒杯君
分光光度計君
實驗搭檔
石英光析管君
搭檔
石英玻璃燒杯君
視為對手
感情好
偶爾拜託中和滴定的朋友
燒杯君
容量精準度高的夥伴
可自行站立的燒瓶
錐形瓶君
感情好
容量瓶小妹
搭檔
漏斗架君
漏斗小妹
感情好
平底燒瓶君
三口圓底燒瓶姐
嚮往
玻棒君
實驗搭檔
濾紙君
不能自行站立的燒瓶
圓底燒瓶小弟和燒瓶托君
感情好
紙搭檔
秤藥紙君
羨慕燒瓶托
藍色石蕊試紙君和紅色石蕊試紙君
梨型燒瓶君
攪拌子君們
想坐在上面
會被吸引
砝碼3兄弟
學長
親戚
學弟
實驗搭檔
精密電子天平君
上皿天平君和2個秤盤君
500mg
200mg
100mg
片狀砝碼3兄弟

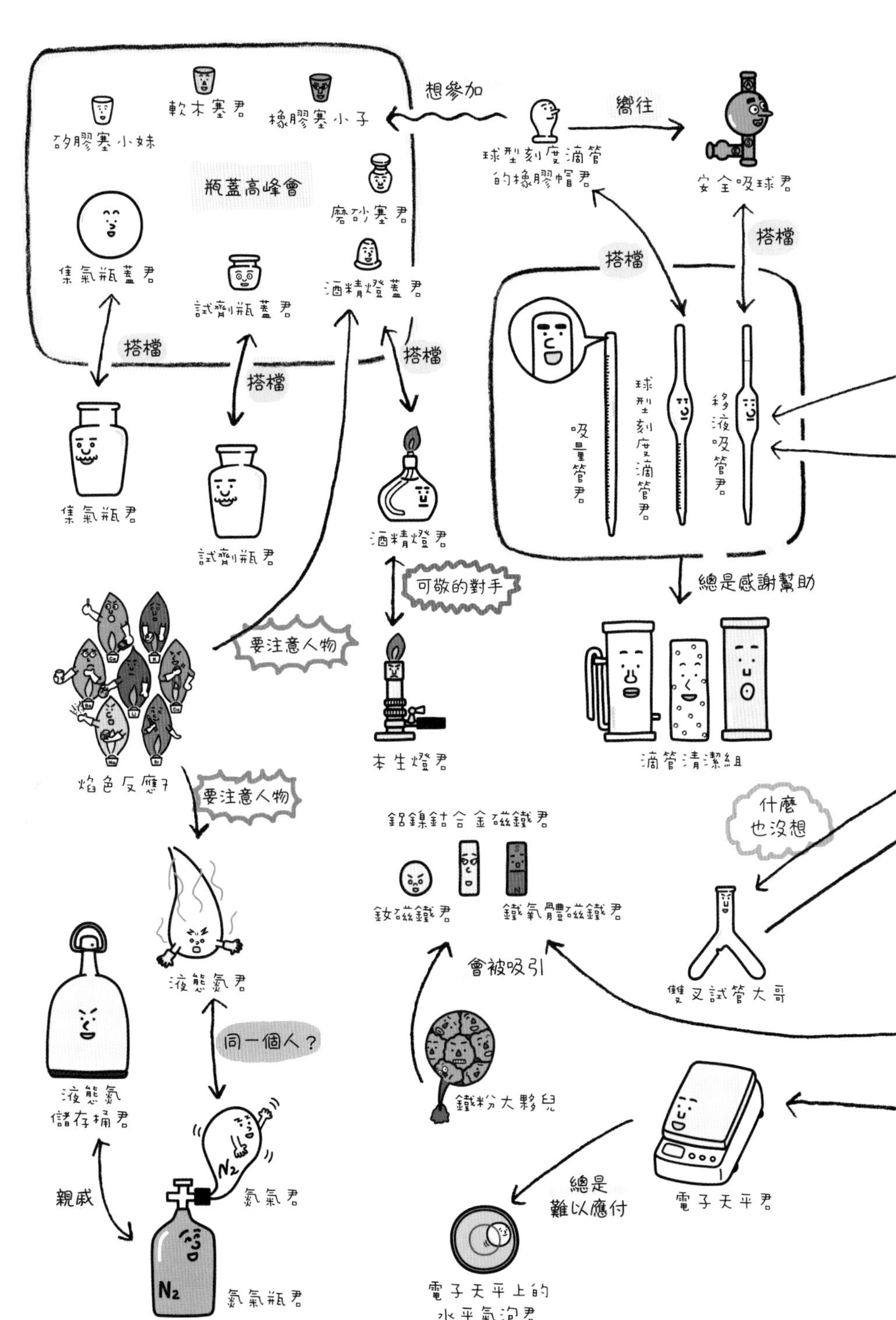
瓶蓋高峰會
軟木塞君
矽膠塞小妹
橡膠塞小子
磨砂塞君
集氣瓶蓋君
試劑瓶蓋君
酒精燈蓋君
想參加
球型刻度滴管
的橡膠帽君
嚮往
安全吸球君
搭檔
搭檔
搭檔
搭檔
搭檔
集氣瓶君
試劑瓶君
酒精燈君
吸量管君
球型刻度滴管君
移液吸管君
總是感謝幫助
可敬的對手
要注意人物
焰色反應7
本生燈君
滴管清潔組
要注意人物
什麼也沒想
鋁鎳鈷合金磁鐵君
釹磁鐵君
鐵氧體磁鐵君
會被吸引
液態氮君
雙叉試管大哥
同一個人？
液態氮
儲存桶君
鐵粉大夥兒
親戚
N_2
氮氣君
總是
難以應付
電子天平君
N_2
氮氣瓶君
電子天平上的
水平氣泡君

各項評比

▸「狂熱度」排行

第1名　蛇型冷凝管君
第2名　乾燥管君
第3名　梨型燒杯君

▸「價格」排行

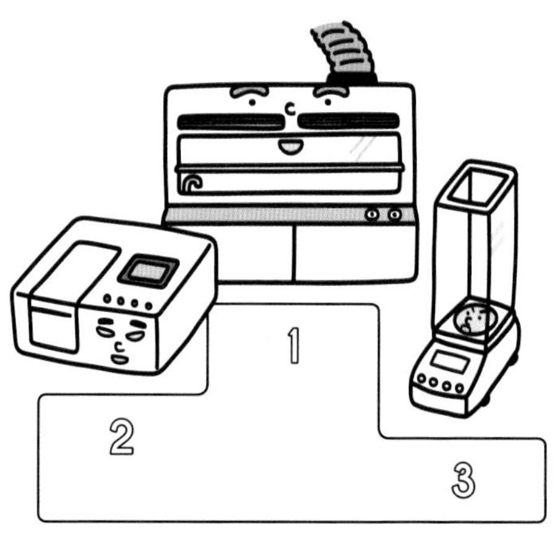

第1名　通風櫥先生
第2名　分光光度計君
第3名　精密電子天平君

▸「身高」排行

第1名　通風櫥先生
第2名　百葉箱老大
第3名　氮氣瓶君

▸「易破損度」排行

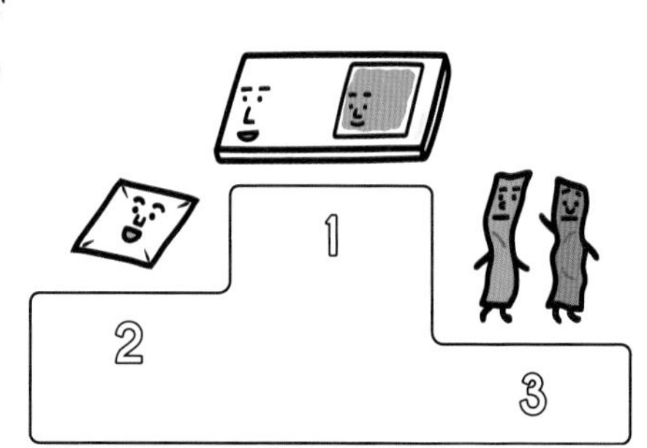

第1名　蓋玻片君（標本君）
第2名　秤藥紙君
第3名　藍色石蕊試紙君和紅色石蕊試紙君

▸「不易清洗度」排行

第1名　三口圓底燒瓶姐
第2名　支管燒瓶君
第3名　凱氏分解瓶君

▸「名字的酷炫度」排行

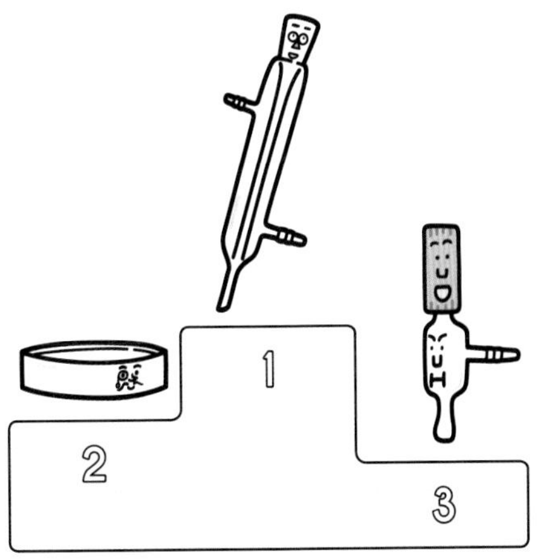

第1名　直型冷凝管君
第2名　培養皿男爵
第3名　水流抽氣器君

▸「易滾動」排行

第1名　玻棒君
第2名　玻棒式溫度計君
第3名　吸量管君

▸「無法拿取」排行

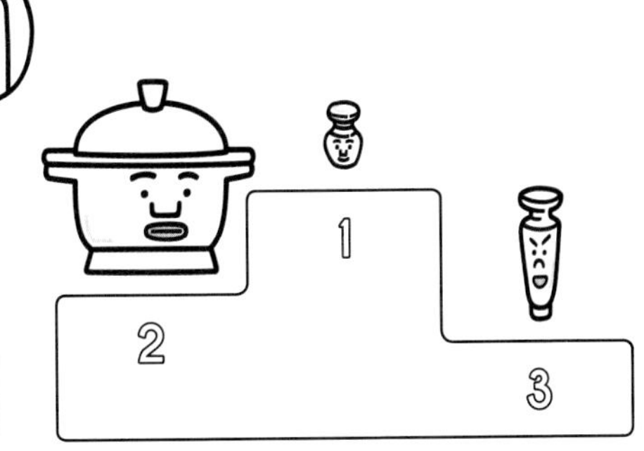

第1名　磨砂塞君
第2名　乾燥器的蓋子
第3名　漏斗用活栓君

名詞解釋

液體分離實驗

分液漏斗夫人活躍的實驗是想要萃取出混合液中的特定成分。加入可讓目標成分溶解但與原混合液不互溶的溶劑，再操作分液漏斗夫人的活栓，將分層的兩種溶液分離開來。

焰色反應

藉由加熱各種金屬鹽，觀察產生火焰的實驗。例如鋰是紅色、鈉是金黃色等，元素種類不同，火焰會有特定的顏色，也就是發出特定波長的光。煙火便使用了這種特性。補充一點，這種特性是金屬元素受熱後發出的光而已。

離心分離實驗

是離心管君與離心機君發揮本領，藉高速旋轉產生的離心力來取出混合在液體中物質的實驗過程。液體中如果混雜了直徑0.0074公分以下的顆粒，實驗起來就會變得格外麻煩。

界面活性劑

可以減弱水的表面張力，是由親水的親水基以及親油的疏水基（又稱親油基）所構成的分子物質。這個物質一旦存在，水和油會變得容易混合，常用於去除油汙。

抽氣過濾

讓人見識到吸濾瓶君的力量。得到水流抽氣器君的協助後，瓶中的壓力減少了，並且只吸進抽氣過濾漏斗中的液體。只是如果想過濾下雨後的河水，過濾一個樣品恐怕就要花上三個小時（是實話）。這麼一來，正好可以摸八圈。

純水

是將水裡所含的雜質或礦物質等去除乾淨的水。純水的檢定必須經過精密分析，就算乾淨，有時候喝下肚也會引起腹瀉，所以並不建議當成飲用水來喝。另外，還有比純水更純的超純水。

凱氏法

由丹麥的化學家凱耳達（Johann Kjeldahl）提出，用來檢測物質中氮含量的分析方法，這個方法也應用在食品檢查方面。如果說凱氏分解瓶君是因應食品檢查而存在，這個說法一點也不為過。（超認同！）

結晶析出實驗

在錶玻璃小妹上比較容易觀察的實驗。讓溶於液體的成分以結晶形式析出。一般最容易想到的是，加熱鹽水使水分蒸發後，再取出鹽分這個方法。只是，實驗室所採集的「鹽」不適合拿來食用。（並不美味）

合成實驗

混合物質A與B，並做出其他物質C或D或E的實驗。是基本的化學反應之一，每天可以在各種不同處所進行這項實驗。如果C、D或E是黃金的話，那就是煉金術了。

蒸餾實驗

由蒸餾燒瓶君登場。是利用物質種類不同所造成的沸點等氣化溫度上的差異，而從混合物中僅僅取出特定成分的實驗。實驗的過程給人一種「加熱→沸點低或氣化溫度低的成分氣化→冷卻後變成液體……」的感覺。此外，在沙漠裡挖個洞來集水的生存技能的原理和蒸餾實驗是一樣的。

歸零

使用天平以前，首先得在沒有放置任何待測物品的狀態下，將指示值調整為零。因為非常容易忘記，多半是在實驗將要結束時才發現，而讓前面的測量結果就這麼付諸流水。

中和滴定

滴定管君活躍的時刻。在濃度未明的酸性或鹼性液體中，加入酚酞或甲基橙等指示劑，接著進行滴定。也就是一點一點逐量添加「確定濃度的鹼性或酸性液體」，使其趨於中性，從添加的液體量就可以推算出原本的液體濃度。只是這個機制有時候會在液體趨於中性的不久前，只因為那麼一滴而發生顏色的劇烈改變……真是費神的實驗。如果不小心添加過量，是會崩潰大哭的。順帶一提，人多的時候常會玩輪流一點一滴添加，添加過量的人得請吃午餐的「黑鬍子大作戰滴定」遊戲（我沒玩過）。

培養實驗

在培養皿男爵中製作瓊脂培養基，並讓微生物或細胞增生。一旦有汙染（混入了雜菌或其他成分），就前功盡棄了，因此這個實驗不論是在事前準備或管理方面，都得時時刻刻緊盯著。

比爾–朗伯定律（Beer–Lambert law）

也就是「光通過溶液時多少會被吸收」的定律。應用這個定律，可以從透光後的結果來計算溶質濃度，是個了不起的定律。分光分析是基本而且相當重要的定律，只是近來，人們多半透過分析儀器來計算，所以就忘記方程式了（汗）。

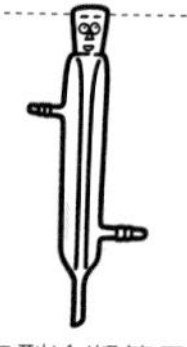

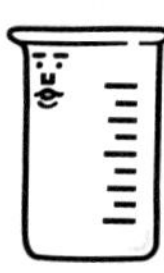

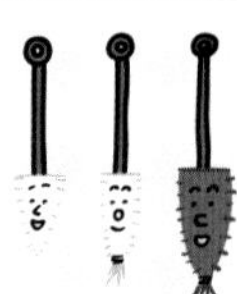

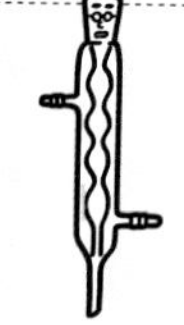

索　引

陶瓷纖維網大哥
→P.108

凱氏分解瓶君
→P.33

氮氣瓶君和氮氣君
→P.148

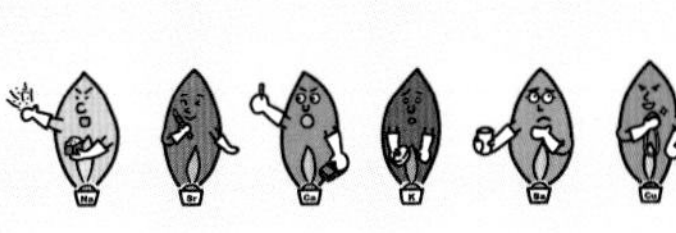
焰色反應（FR7）
→P.115

焰色反應紅色
→P.114

珐瑯燒杯君
→P.19

量杯君
→P.53

量筒君
→P.52

集氣瓶君與瓶蓋君
→P.42

圓底燒瓶小弟
和燒瓶托君
→P.27

微量藥匙君
→P.43

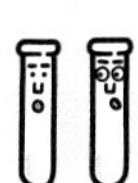
試管兄弟
→P.36

試管夾君
→P.37

試管架君
→P.37

試劑瓶君與瓶蓋君
→P.42

電子天平上
的水平氣泡君
→P.63

電子天平君
→P.62

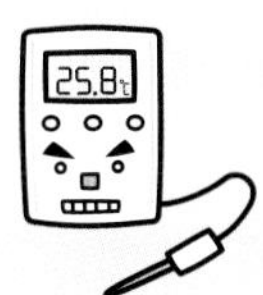

電子溫度計君
→P.74

電子點火器君
→P.105

電池君們
→P.138

電流計君和電壓計君
→P.139

電源供應器小姐
→P.139

電磁攪拌器君
→P.94

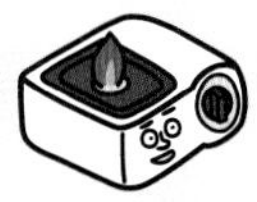
實驗用瓦斯爐君
→P.108

滴定管君
→P.57

滴液漏斗大哥
→P.86

滴管清潔組
→P.99

漏斗小妹
→P.82

漏斗用活栓君
→P.86

作者：上谷夫婦
出生奈良縣。最愛吃京都拉麵。因為擔任研究職務，所以想到利用實驗器材做為主人翁，製作以燒杯君和他的夥伴等一系列小書。這個溫柔的主角，以淳久堂書店和東急手創館為首，在雜貨店和活動中獲得好評。喜歡的實驗器材還是燒杯。

撰文：山村紳一郎
科學作家。出生東京都。日本東海大學海洋學系畢業後，經歷雜誌記者和攝影等職，並從事科學技術與科學教育之取材暨執筆。為介紹和啟發「有趣、易懂、觸感佳和有夢想的科學」而努力。2004年起，也在日本和光大學擔任鐘點講師。喜歡的實驗器材是錐形燒杯。

Writer 山村紳一郎
Designer 佐藤Akira

國家圖書館出版品預行編目（CIP）資料

燒杯君和他的夥伴：愉快的實驗器材圖鑑／上谷夫婦著；唐一寧譯.
--初版. --臺北市：遠流，
2017. 11
面； 公分
ISBN 978-957-32-8145-0（平裝）

1.化學實驗 2.試驗儀器

347.02 106017154

燒杯君和他的夥伴——愉快的實驗器材圖鑑
作者／上谷夫婦
譯者／唐一寧

責任編輯／謝宜珊
特約美編／顏麟驊
封面設計／鄭名娣
行銷企劃／許雙珠、王綾翊
出版六部總編輯／陳雅茜

發行人／王榮文
出版發行／遠流出版事業股份有限公司
臺北市南昌路2段81號6樓
郵撥：0189456-1 電話：02-2392-6899 傳真：02-2392-6658
遠流博識網：www.ylib.com 電子信箱：ylib@ylib.com
ISBN／978-957-32-8145-0
2017年11月 1 日初版一刷
2020年12月28日初版九刷

定價・新臺幣330元

BEAKER KUN TO SONO NAKAMATACHI